U0231218

施工安全计算及实例

郭志亚　主编

中国建筑工业出版社

图书在版编目（CIP）数据

施工安全计算及实例 / 郭志亚主编 . — 北京 : 中国建筑工业出版社，2024.6
ISBN 978-7-112-29826-6

Ⅰ. ①施… Ⅱ. ①郭… Ⅲ. ①建筑工程—工程施工—安全技术—案例 Ⅳ. ①TU714

中国国家版本馆 CIP 数据核字 (2024) 第 088864 号

本书依据国家现行标准和行业规范，针对建筑行业施工现场的特点及要求，结合常用施工设计软件，对施工设施的设计及计算进行详细讲解，从理论分析及软件实际使用操作出发，为施工技术人员安全设施安全计算提供全方位有力的帮助。本书主要介绍了作业脚手架、模板支撑架、设备混凝土基础、设备附墙、卸料平台、土方开挖等涉及安全计算的工艺设计规定及电算参数设置详解。同时，书中还附有大量有特色的工程实例，供读者学习参考。

全书内容丰富，实践性强，突出解决现场设施安全设计计算中的难点、重点问题，帮助施工技术人员建立对规范公式的设计计算模式，加深对计算软件各种参数的理解，减少各种安全专项方案编制和计算时的人为错误，减少施工现场设施的安全隐患。

责任编辑: 徐仲莉　张　磊
责任校对: 赵　力

施工安全计算及实例
郭志亚　主编

*

中国建筑工业出版社出版、发行（北京海淀三里河路9号）
各地新华书店、建筑书店经销
北京光大印艺文化发展有限公司制版
北京圣夫亚美印刷有限公司印刷

*

开本：787 毫米×1092 毫米　1/16　印张：13　字数：242千字
2024 年7月第一版　　2024年7月第一次印刷
定价：49. 00元
ISBN 978-7-112-29826-6
（42955）

编 写 委 员 会

主　　编： 郭志亚

参编人员： 曾　敏　李　锋　葛以松
曹持铭　林惠庭

前言

近年来，城市功能的发展呈现多元化，国家基础性设施不断发展，城市道路也由地面发展到空中，涌现出众多高架道路和高架桥，大跨空间结构越来越多，这些工程都离不开施工设施的建设。与此同时，建筑施工装备的安全性、结构的稳定性以及工作的可靠性等问题显得尤为突出，对各种施工设施在工作过程中的强度、刚度、稳定性以及精度的保持性等提出了更高的要求。

笔者多年从事建筑施工行业，经验丰富，基础知识扎实。在本书编写过程中，笔者结合十多年的工程实践经验和指导技术人员心得，编入大量设计计算资料和设计资料，系统阐述了施工安全设施手算和电算过程。手算过程可使技术人员较好地了解安全设施设计及计算的全过程，较深入地了解和掌握其设计方法，灵活运用，较全面地学习和综合运用力学、材料、结构等各方面知识的能力，为今后工作奠定更扎实的基础。安全设施的电算过程可使刚进入建筑行业的技术人员尽快胜任设计及计算工作，然后在工作实践中逐步提高。本书编写体系简明扼要、重点突出，编写内容丰富、实用性强。

本书由广东建星建造集团有限公司主持编写完成。本书依据国家现行标准和行业规范，针对建筑行业施工现场的特点及要求，结合常用施工设计软件，对施工设施的设计及计算进行详细讲解，从理论分析及软件实际使用操作出发，为施工技术人员安全设施安全计算提供全方位的帮助。全书共分 7 章，第 1 章为施工安全计算概要，第 2 ～ 7 章主要介绍作业脚手架、模板支撑架、设备混凝土基础、设备附墙、卸料平台、土方开挖等涉及安全计算的工艺设计规定及电算参数设置详解。同时，书中还附有大量有特色的工程实例，供读者学习参考。全书内容丰富，实践性强，突出解决现场设施安全设计计算中的难点、重点问题，帮助施工技术人员建立对规范公式的设计计算模式，加深对计算软件各种参数的理解，减少各种安全专项方案编制和计算时的人为错误，杜绝施工现场设施的安全隐患。

本书的编写得到很多相关专业人士的支持,同时笔者翻阅大量资料及参考文献。在此，谨向文献的作者及各位专家表示衷心的感谢。

需要指出的是，本书引用大量工程实例，工程建设时间跨越新旧规范，部分工程可能采用当时使用的规范，而现有规范有不少更新，本书写作过程中尽量按照新规范及新软件进行校正，但难免有疏漏，提醒读者在参考本书进行安全计算时，应严格参照当前适用的规范。

希望本书的出版能够为我国施工技术人员的培养提供有力帮助。限于时间和业务水平，书中难免存在疏漏和不足之处，真诚希望广大读者批评指正。

笔　者

2024 年 4 月

目录

1 施工安全计算概要

1.1 施工安全设施概述......2
1.2 施工安全计算意义及目的......3
1.3 施工设施安全计算软件概述......3

2 作业脚手架安全计算

2.1 作业脚手架架体概要......10
2.2 作业脚手架设计基本规定和要求......20
2.3 作业脚手架电算参数详解......24
2.4 作业脚手架设计实例一......44
2.5 作业脚手架设计实例二......47

3 模板支撑架安全计算

3.1 模板支撑架概要......54
3.2 模板支撑架设计基本规定......61
3.3 模板脚手架电算参数详解......65

3.4 模板支模架设计实例一 73
3.5 模板支模架设计实例二 76

4 设备混凝土基础安全计算

4.1 设备混凝土基础概要 82
4.2 设备混凝土基础设计基本规定 88
4.3 设备混凝土基础电算参数详解 93
4.4 设备基础设计实例 111

5 设备附墙计算

5.1 设备附墙件概要 122
5.2 设备附墙设计基本规定 126
5.3 设备附墙件电算参数详解 128
5.4 设备附墙（四杆）设计实例 140

6 卸料平台安全计算

6.1 卸料平台概要 148
6.2 卸料平台设计基本规定 151
6.3 卸料平台电算参数解析 156
6.4 卸料平台设计实例 171

7 土方开挖安全计算

7.1 土压力计算 174
7.2 土方放坡允许最大安全高度计算 182
7.3 土方垂直开挖允许最大安全高度计算 184

附 录

附录 A 常用材料设计资料......190
附录 B 常用施工安全设计资料......191

参考文献......195

1
施工安全计算概要

1.1 施工安全设施概述

自改革开放以来，我国建筑业的规模与技术实力显著提升，建筑业已在我国国民经济中占据重要的地位，我国工程建设取得了巨大的成就。近年来随着结构复杂、功能多元建筑的大量出现，各种形式的钢筋混凝土结构规模也在不断扩大，如首都博物馆、中央电视台总部大楼等大型建筑，建筑工程施工技术与管理、安全技术与管理等方面的难度也随之发生了巨大的变化。

可靠的安全计算是安全施工的重要前提。伴随我国建筑行业的迅速发展，施工安全问题逐渐获得更广泛的关注。党的十七大、十八大报告中对坚持安全发展，遏制重大安全事故做出反复强调。习近平总书记强调，人命关天，发展决不能以牺牲人的生命为代价，这必须作为一条不可逾越的红线。

本书对以下几种常用建筑工程设备的安全计算内容进行了详细介绍：

1. 作业脚手架和支撑脚手架

脚手架搭设的规范性直接关系建筑工程施工质量，是建筑施工顺利进行的前提条件。而在搭设过程中，构配件材料的选择使用、搭设流程的设置、最大荷载的验算等都会对脚手架质量产生一定的影响。脚手架搭设完成后，是否经过严格的检查验收，是否按照规定对其正确使用等，也会对脚手架质量有着不同程度的影响。

2. 塔式起重机

塔式起重机简称塔机，也称为塔吊，是建筑施工中一种重要的垂直运输设备。近年来，我国超高层建筑持续发展，并朝着高度更高、数量更多的方向迈进。随着超高层建筑高度增加，其施工难度越来越大，加之这些超高层建筑大部分位于我国沿海强台风地区，更是给其施工带来前所未有的挑战。首先，建筑高度的增加导致施工周期的延长，施工阶段遭遇极端风作用的概率增加。其次，超高层建筑在施工期间是一个变结构、变刚度、变荷载，以及材料特性不断变化的时变结构体系。一方面，新浇筑的混凝土强度还未发展完全；另一方面，整个结构还未形成完整的抗侧力体系。再次，超高层建筑施工时需要塔式起重机等大型机械设备来负责运输工作，这些设备附着于主体结构上，其风致响应更加复杂，安全性更加不可控。最后，由于施工时超高层建筑外形上与完整结构有差异，且还有支架模板以及塔式起重机设备的附着，结构的体型系数发生变化，其所受荷载非常复杂。

3. 卸料平台

绝大多数的卸料平台由于现场施工工艺的复杂性、动态性、交叉性和不稳定性等原因，被认为是施工现场的重大危险源之一。目前高层建筑结构一般具有工期被压缩、施工占地面积大、多个流水段同时施工，同时在高层结构主体施工阶段要穿插多层不同工种同时交叉施工的特点，因此，防范卸料平台侧翻垮塌、放置物料坠落、超荷载失稳等导致人员伤亡和财产损失的严重事故，是建筑施工现场安全生产管理所需要关注的重要内容。

1.2 施工安全计算意义及目的

为贯彻"安全第一、预防为主、综合治理"的方针，提高安全生产工作和文明施工管理水平，确保在施工现场生产过程中的人身和财产安全，减少事故的发生，建立健全安全保障体系。同时，为从根本上全面提高施工现场设施安全计算水平，加快施工现场设施安全计算的数字化步伐，将施工安全技术和计算机科学有机地结合起来，针对施工现场的特点和要求，本书依据国家有关规范，归纳了常用的施工现场安全设施类型进行计算和分析，为施工企业安全技术管理提供计算工具，也为施工组织设计编制提供可靠的依据，进而为施工安全提供保障。

本书重点内容为软件详解和特色实例结合讲解，技术人员不仅能学会使用软件，理解并合理选择软件参数，同时针对现场发生特殊情况，无法使用软件计算的特殊施工安全计算情况，提供实例参考，技术人员将会逐渐掌握软件操作、理论理解及实际问题的有效转换等多项技能。

1.3 施工设施安全计算软件概述

本书选择施工技术人员常用的三种计算软件进行说明：品茗施工安全设施计算软件（简称"品茗"）、PKPM 建筑施工安全设施计算软件（简称"PKPM"）、广联达施工安全设施计算软件（简称"广联达"），分别对上述软件的基本功能和差异性进行分析。

1.3.1 PKPM 软件基本功能

PKPM 软件提供大量的计算参数用表，供用户参考，计算方便准确，计算书详细；同时提供了各种脚手架工程、模板工程、施工电梯工程、塔式起重机工程、结构吊装工程、降排水工程、市政工程、临时工程等的计算和强大的方案绘图功能，可以将计算书和绘制的详图直接插入方案中。

PKPM 主要功能如下：

（1）工程管理功能：采用树形目录方式能够对用户的多个工程、多个计算模型进行管理，以及生成和编辑专项方案。

（2）生成专项施工方案：常用计算模型可直接生成满足《危险性较大的分部分项工程安全管理规定》（住房和城乡建设部令 2019 年第 47 号）和《住房城乡建设部办公厅关于实施〈危险性较大的分部分项工程安全管理规定〉有关问题的通知》（建办质〔2018〕31 号）要求的施工专项方案，并进行管理和方案编辑。

（3）提供专项方案相关素材：包括危险源控制、应急预案、安全法规、安全检查表、节点详图等。

（4）提供丰富的施工节点详图：包括模板、脚手架、吊装、降排水、基坑、垂直运输、临时设施等详图，并可导出 dwg、bmp、jpg、wmf 文件，方便导入专项施工方案。

（5）提供复杂脚手架计算：可以简化力学模型，通过建模方式完成对斜梁、板、柱等结构的设计计算。

1.3.2 广联达软件基本功能

广联达软件是采用云计算技术和获得国家专利的力学计算算法，结合施工现场的特点和要求，依靠有关国家标准和地方规程，联合全国行业专家共同开发的一款为施工技术人员编审安全专项施工方案和安全技术管理的工具。软件包含智能编制安全专项方案、智能编制技术交底、分析和判断危险源、智能编制应急预案、材料匡算等辅助功能。该软件可用于投标前编制技术标施工组织设计部分，中标后编制施工组织设计、安全专项技术方案和方案验算。

1.3.3 品茗软件基本功能

品茗软件（图 1-1），将施工安全技术和计算机科学有机地结合起来，针对施工现场的特点和要求，依据有关国家规范和地方规程，根据常用的施工现场安全设施类型进行计算和分析，为施工技术人员编制安全设施专项施工方案和施工企业的安全技术管理提供了便捷的计算工具。通过软件，能同时生成规范的安全计算书、专项施工组织方案，简单、规范、快捷。适合广大施工技术人员、总工、项目技术负责人、监理和安全监督机构的技术工程师使用。便于对现场多项常规安全设施进行计算并生成专项施工方案。

软件主界面中包含施工安全系列多个模块，分别为脚手架工程、模板工程、临时用水用电工程、塔式起重机工程、混凝土工程、结构吊装工程、降排水工程、钢筋支架工程、浅基坑工程、爆破工程、冬期施工、垂直运输 、土石方工程、顶管施工、临时围堰、桥梁支模架、钢结构工程等的计算。

品茗主要功能如下：

（1）计算书、安全专项方案书、报审表三位一体，软件可同步生成。计算书图文并茂，安全专项方案书内容丰富，报审表简洁明了。

（2）根据设计方案，智能同步生成安全专项方案书。生成的安全专项方案书包含编制依据、工程概况、方案选择、材料选择、搭设流程及要求、劳动力安排、计算书等完整规范的章节内容。

（3）根据设计方案，智能输出报审表，表中含图，做到重点突出，要点明确，一目了然，方便施工技术人员、总工、技术负责人和监理等审核方案，可大大提高审核的准确性和效率。

（4）计算结果智能调整。对于满足要求的计算结果，将以绿色显示，不满足要求则显示为红色，并给出参数调整，使其一目了然，方便初学者使用。即使是经验丰富的工程技术人员，也能从中受益。

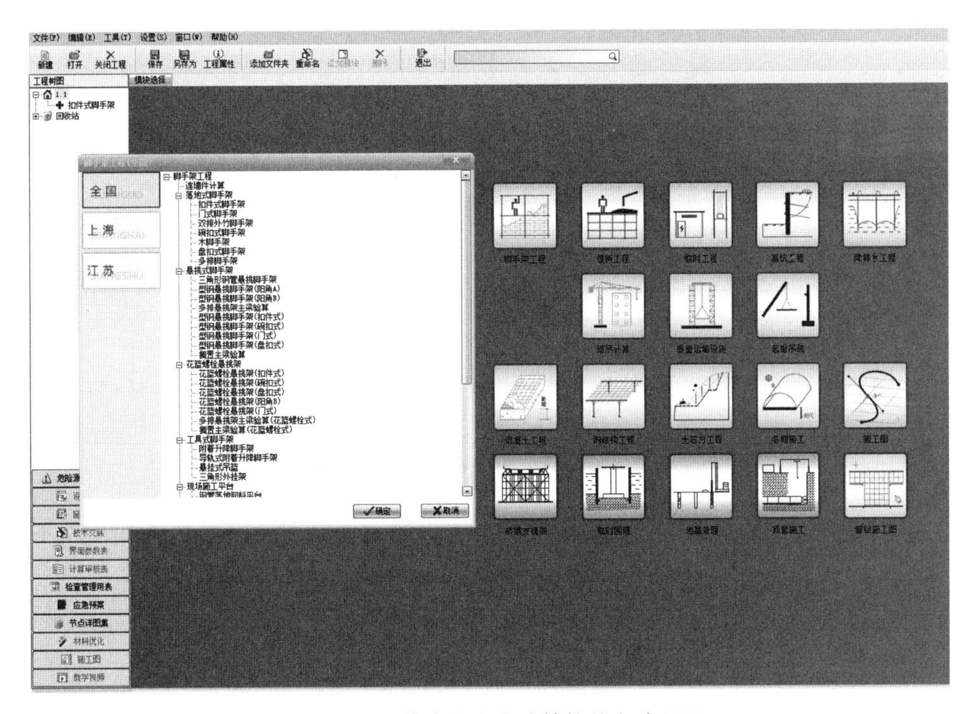

图 1–1　品茗建筑安全计算软件启动界面

1.3.4 三种软件适用范围对比

品茗、PKPM、广联达等均有模板工程安全计算软件，并在全国范围内广泛应用，相关学者对安全计算软件的研发做了大量的研究，同时给出三种软件的适用范围和详细的功能分析，但对于品茗、PKPM、广联达三款软件的差异及施工中合理使用三款软件制定合理经济的施工方案研究还有待进行。三种软件适用范围及功能分析对比如下：

（1）软件通用性分析：软件的支撑架体种类越多，代表软件的通用性越强，三款软件均包含扣件式、碗扣式、盘扣式、门架支撑体系，能够满足大多数模板工程验算需求。其中品茗具备的模块种类更加丰富，广联达相对较少。可通过对比支撑架体进行了解：

1）品茗梁板支撑架体包含：扣件式梁板立柱共用 / 不共用 / 组合钢模板 / 斜立杆、碗扣式梁板立柱共用 / 不共用、盘扣式梁板立柱共用 / 不共用 / 设置搁置横梁、轮扣式梁板立柱共用 / 不共用、临时支撑、门架、重型门架、木支撑、箱型模板碗扣式 / 扣件式 /HR 重型门架 / 盘扣式、主次梁交接处模板支架（扣件式）、键插接式梁板立柱共用 / 不共用 / 设置搁置横梁、吊模、插槽式梁板立柱共用 / 不共用 / 设置搁置横梁、套口式梁板立柱共用 / 不共用、盘销式梁板立柱共用 / 不共用、轮盘插销式梁板立柱共用 / 不共用。

2）PKPM 梁板支撑架体包含：扣件式梁板立柱共用 / 不共用 / 组合钢模板、碗扣式梁板立柱不共用、盘扣式梁板立柱不共用 / 设置搁置横梁、轮扣式梁板立柱不共用、箱型模板碗扣式、门架、木支撑、临时支撑、工具式。

3）广联达梁板支撑架体包含：扣件式梁板立柱共用 / 不共用、碗扣式梁板立柱不共用、盘扣式梁板立柱不共用、门架。

（2）计算依据分析：在实际工程中，选择不同种类的计算模块，就需要选择适合该模块的计算依据，品茗拥有更多的计算模块形式，这就要求其引用更多的计算依据。因此，品茗应用的计算依据最多，广联达最少，计算依据主要包括国家现行工程建设标准、行业现行工程建设标准等。

（3）功能分析：软件的功能越丰富，用户使用越便捷。三款软件在具备生成计算书及施工方案等基础功能外，还具备了其他特色功能，如品茗的技术交底、安全百宝箱等功能，PKPM 的复杂脚手架建模计算等功能，广联达的评估优化、材料统计等功能。三款软件功能分析可见表 1-1。

表 1–1　品茗、PKPM、广联达软件功能分析

序号	软件名称	功　　能
1	品茗	参数表、构件名称自定义、材料参数自定义、风荷载基本风压系数自定义、材料优化判断标准自定义试算、设计计算、施工方案、危险判断、应急预案、评估优化、安全百宝箱、施工图、危险源辨识与评价、检查管理用表、节点详图集、技术交底、界面
2	PKPM	试算、设计计算、施工方案、危险判断、应急预案、危险源控制、安全检查表、节点详图集、安全生产法规、复杂脚手架、附录表、施工常用数据、三维图
3	广联达	试算、设计计算、施工方案、危险判断、应急预案、评估优化、材料统计、设计图纸

品茗相对计算模板更多，使用范围更广，引入的计算依据更多。PKPM 属于专业的结构计算软件，如各参数设置合理，计算更为精准，经济性更好。广联达则偏向于更为丰富的造价功能，施工安全计算模块相对较少。

本书对软件操作步骤及软件设置参数进行详细解说，考虑品茗使用频率相对更高，故使用软件为品茗计算软件，其余两种软件不作解说。

2
作业脚手架安全计算

高层住宅及超高层建筑已然成为当下社会发展的标志，它不但解决了人口增加而导致的城市用地紧缺问题，还带动了建筑行业施工技术的发展。作为施工中必不可少的工作平台，脚手架的安全使用是困扰建筑行业的一大难题。脚手架历经发展，从中华人民共和国成立至20世纪50年代初，第一批脚手架材料大多为竹子或木头，由于材料有限，在寿命和安全两个方面存在较大的问题。20世纪60年代，扣件式钢管脚手架应运而生，直至今日，仍在建筑业拥有一席之地，自20世纪80年代起，我国在发展先进并具有多功能脚手架领域取得了显著的成就。脚手架按不同搭接形式，分为扣件式、碗扣式、盘扣式等；按搭设位置，分为外脚手架、里脚手架；按构造形式，分为立杆式、桥式、门式、悬挑式、挂式、爬式等。

2.1 作业脚手架架体概要

脚手架是一项应用技术，各类脚手架在应用时应遵循国家资源节约利用、环保、防灾减灾、应急管理的经济政策。保障人身和公共安全、提高脚手架质量和安全施工水平，是脚手架应用管理的目标，通过提高脚手架的搭设质量，进而提高和保障工程质量及施工安全。

脚手架专项工程安全计算内容有：大、小横杆抗弯强度计算；挠度计算；扣件抗滑力计算；脚手架荷载标准值计算；立杆稳定性计算；连墙件强度、稳定性计算；立杆的地基承载力计算；型钢悬挑梁的受力计算。

2.1.1 作业脚手架架体分类

根据不同的建筑施工要求，钢管脚手架的类型主要有扣件式、盘扣式、碗扣式、门式等。其中，由于扣件式钢管脚手架表现出的适用范围广、承载力和整体刚度大、装卸方便等优点，已成为国内迄今为止应用最广泛的脚手架结构体系，约占据国内市场份额的70%，并在今后相当长的时间内依旧处于主导地位。

在实际工程中，用到的脚手架类型有很多。按照材质与规格，分为木脚手架、竹脚手架、门式组合脚手架和钢管脚手架（包括扣件式、盘扣式、碗扣式）等；按照搭设类型，分为单排脚手架、双排脚手架和满堂脚手架；按照用途，分为操作脚手架（包括结构用脚手架和装饰用脚手架）、防护用脚手架和承重支撑类脚手架等；按照支固方式，分为落地架、悬挑架、附墙悬挂架、悬吊架、爬架等；按照脚手架搭设位置，分为外脚手架和里脚手架。下面具体介绍工程中常用的几种脚手架类型。

（1）承插型盘扣式脚手架（图2–1）。它的立杆采用套管承插连接，水平杆和斜杆采用杆端和接头卡入连接盘，用楔形插销连接，形成结构几何不变体系的钢管支架。承插型盘扣式钢管支架由立杆、水平杆、斜杆、可调底座及可调托座等构配件构成。这种形式的脚手架工艺特点有：

1）模块化、工具化作业，搭拆快捷，大幅提高施工效率。

2）节点抗扭转能力强，强度、刚度、稳定性可靠，施工安全得到有效保障。

3）节约用钢量，高承载力的盘扣架搭设密度远低于传统架，有效降低施工成本及各项配套费。

4）无零散配件，不易丢失，损耗极低，并方便运输及清点。

图 2–1 盘扣式脚手架示意图

（2）碗扣式脚手架（图 2–2）。它是我国科技人员在 20 世纪 80 年代中期，总结国外先进经验研制的一种多功能脚手架。碗扣式脚手架由立杆、横杆、碗扣接头等组成。碗扣接头是由上碗扣、下碗扣、横杆接头和上碗扣的限位销等组成。在立杆上焊接下碗扣和上碗扣的限位销，将上碗扣套入立杆内，在横杆和斜杆上焊接插头。组装时，将横杆和斜杆插入下碗扣内，压紧和旋转上碗扣，利用限位销固定上碗扣。碗扣处可同时连接多根横杆，可以互相垂直或偏转一定角度等。这种形式的脚手架工艺特点有：

1）承载力大，立杆、横杆、斜杆中心线交于一点，节点在框架平面内，接头可以抗弯、抗剪、抗扭，架体结构整体稳定性高。

2）使用安全可靠，接头处的碗扣螺旋摩擦力和横杆自重力使得接头具有紧密的自锁能力，防止横杆从接头处脱出。

3）装卸方便。由于碗扣接头具有无螺栓、销轴等零配件安装的特点，操作人员只需一把锤子即可完成全部作业。

4）施工现场管理方便。碗扣式脚手架构配件轻便牢固，无零散连接件，便于堆放，且配件不易丢失，方便现场材料管理。

图 2-2　碗扣式脚手架示意图

（3）轮扣式脚手架（图 2–3）。全称为多功能轮扣式脚手架，它是由承插型盘扣式脚手架衍生而来的一种脚手架结构体系。轮扣式脚手架在脚手架发展史上实现了三个第一：第一个实现了钢管脚手架在结构上无任何锁紧构件；第一个实现了在钢管脚手架上无任何活动零件；第一个实现了我国对于整体新型钢管脚手架的自主知识产权。轮扣式脚手架的架体由立杆、横杆、连接轮盘、立杆连接套管组成。这种形式的脚手架工艺特点有：

1）具有可靠的双向自锁能力。

2）无任何活动零件。

3）运输、存储、搭设、拆卸方便。

4）承载力高。

5）便于施工现场管理。

图 2-3　轮扣式脚手架示意图

（4）扣件式钢管脚手架从 20 世纪 70 年代便引入国内。这种类型的脚手架由钢管和扣件组成。扣件用来连接立杆与横杆、大横杆与小横杆等。根据脚手架的不同位置，主要用到的扣件有十字扣件、旋转扣件和对接扣件。扣件式钢管脚手架几乎适用于各种建筑结构形式，根据不同的工况，其施工方法主要有以下两种形式：

1）落地式脚手架（图 2–4）。该脚手架立杆及底座直接将上部荷载传递至基础，支座直接支承于地面，因此需要对地基承载力进行验算。落地式脚手架搭设高度不宜超过 50m，因此在搭设高度不高的时候，一般采用落地式脚手架。

图 2–4 落地式脚手架示意图

2）悬挑式脚手架（图 2–5）。当建筑高度较高的时候，就不适合一直往上搭设脚手架了，因为立杆的稳定性、地基的承载力都是有限度的。这时候可以将脚手架在指定高度范围内分段悬挑来解决上述问题，具体方式是在一定层数建筑物、构筑物的外围悬挑工字形、槽形等型钢梁作为该段悬挑架的底座，在其上搭设脚手架，由型钢梁将脚手架传来的荷载传递给建筑物。

建筑施工中悬挑脚手架一般适用于以下三种情况：

① 当 ±0.000 以下结构工程回填土不能及时回填，而主体结构须立即施工时；

② 当高层建筑主体结构四周为裙房，脚手架不能直接支撑在地面上时；

③ 超高层建筑施工中，脚手架搭设高度超过允许搭设高度，需要将脚手架按允许搭设高度分成若干段时。

落地式脚手架和悬挑式脚手架是建筑工程中应用最为广泛的两种脚手架形式，本章节主要介绍落地式脚手架和悬挑式脚手架的安全计算基本过程。

图 2–5　悬挑式脚手架示意图

2.1.2　扣件式作业脚手架组成构件

脚手架的主要构件有：钢管（包括横杆、立杆、斜杆、剪刀撑、扫地杆）、扣件（包括十字扣件、旋转扣件、对接扣件）、连墙件、脚手板、挡脚板、可调托撑、垫板、悬挑架用型钢、安全立网等。

双排扣件式钢管脚手架构件示意详见图 2–6。

施工脚手架具体构件组成：

（1）内、外立杆。立杆是脚手架中最为重要的一部分，是脚手架主要受力构件，其布置方法有明确的规范要求，实际施工中不得随意加大立杆间距，否则脚手架承载力会大幅降低，因此合理的立杆间距是确保脚手架整体性的关键因素。不同用途的脚手架，立杆间距要求也不同，施工脚手架立杆纵距小于 1.5m，装修脚手架立杆纵距小于 1.8m，防护架立杆纵距小于 2.0m，而横距都不超过 1.3m。详见如图 2–6 所示的构件 1 及构件 2。

（2）大、小横杆。大、小横杆是脚手架的重要组成部分，其主要作用是限制脚手架发生变形以及传递荷载，其中大横杆为立杆提供纵向约束，小横杆为立杆提供侧向约束，从而保证脚手架结构整体刚度。施工脚手架大横杆步距通常为 1.5m，装修脚手架大横杆步距通常为 1.8m，防护架大横杆步距通常为 1.5m。大横杆通过直角扣件与立杆相接固定且横杆在内、立杆在外，大横杆与相邻的大横杆则通过对接扣件错位布置，不得同步同跨，从而保证脚手架整体刚度。小横杆虽不能提高脚手架整体承载力，但对脚手架整体刚度有着重要影响。它在两侧立杆之间布置，与大横杆通过直角扣件相接。详见如图 2–6 所示的构件 3 及构件 4。

在脚手架受力过程中，大横杆是主要受弯受剪作用的水平构件，它将施工荷载传递给立杆。大横杆不仅将一整排的立杆都连接起来，以此组成纵向框架体系，而且还和小横杆组成水平框架，起到保持脚手架整体稳定的作用。

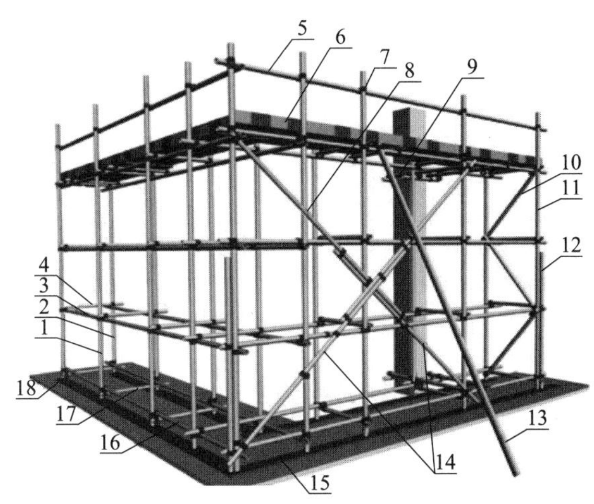

图 2-6 双排扣件式钢管脚手架构件示意图

1—外立杆；2—内立杆；3—纵向水平杆；4—横向水平杆；5—栏杆；6—挡脚板；
7—直角扣件；8—旋转扣件；9—连墙杆；10—横向斜撑；11—主力杆；
12—副立杆；13—抛撑；14—剪刀撑；15—垫板；
16—纵向扫地杆；17—横向扫地杆；18—底座

（3）脚手板又称脚手片，铺设在脚手架大横杆的上面，以便工人行走、临时周转建材，方便工人站在其上施工作业，是为了方便工人在脚手架上作业而铺设的一种平台。脚手板一般需要铺满铺稳，并在其两端用绳子固定好，其表面需要设有防滑装置。常见的制作材料为钢、木、竹等，每块质量小于 30kg，木质脚手板应采用杉木或松木制作。因其承载力有限，一般铺两层脚手板，厚度为 50mm，两端应各设置直径为 4mm 的镀锌铁丝箍两道，且作业层不得超过两层，还需在脚手板下层安装水平安全网（应使用承重安全网）。钢脚手板、木脚手板、钢笆片脚手板分别如图 2-7 ～图 2-9 所示。

脚手板之间有两种连接方式：对接时下方设置双排小横杆，两根小横杆间距小于 30cm，各杆距离搭接处控制在 5cm 以内；搭接时下方设置一根小横杆，搭接位置为两块脚手板搭接长度中心，脚手板搭接长度应大于 20cm。脚手板靠墙处不得离墙超过 15cm，拐角处脚手板应当重叠布置且做好防滑措施。

（4）扣件。扣件是连接立杆、横杆、剪刀撑等脚手架各个杆件之间的连接部件，其形式有十字扣件（用于连接两根垂直相交的钢管，这两根钢管依靠扣件与钢管之间的摩擦力来传递荷载）、对接扣件（用于两根任意角度相交钢管的连接）、旋转扣件（用于两根钢管对接接长的连接），如图 2-10 所示。

图 2-7 钢脚手板示意图

图 2-8 木脚手板示意图

图 2-9 钢笆片脚手板

（a）

（b）

（c）

图 2-10 扣件示意图

（a）十字扣件；（b）旋转扣件；（c）对接扣件

（5）剪刀撑。剪刀撑是脚手架控制整体竖向变形的杆件，通常布置于脚手架的外排上，能够很好地提高脚手架的整体刚度，确保脚手架的承载力。剪刀撑须沿全高和全长连续设置，且每道剪刀撑跨度应大于6m，其水平夹角应该在45°～60°。剪刀撑与自身的连接方式只能是搭接且搭接长度应大于1m，搭接段至少选用3个旋转扣件等距固定，末端扣件距离杆端不得小于0.1m。剪刀撑与立杆或横杆连接时也至少选用2个旋转扣件固定。为使剪刀撑更好地发挥作用，必须控制其与大横杆的夹角以及其跨度内包含立杆的数量。剪刀撑如图2–11所示。

剪刀撑的主要作用是将整个脚手架纵向框架连接形成超静定的几何不变体系，不仅能够防止脚手架框架沿着竖向发生位移，还可以提高结构横向上承受荷载的能力。

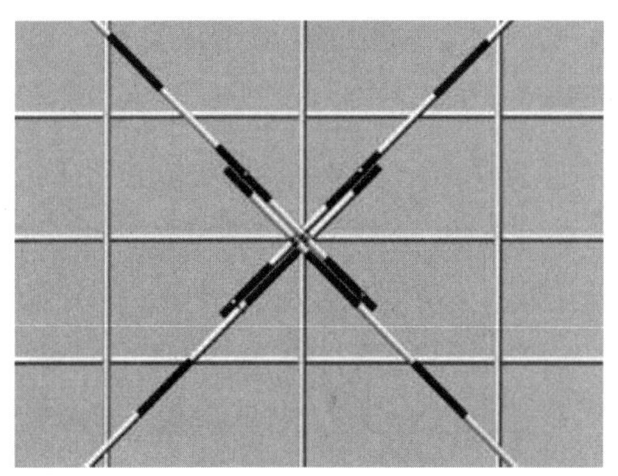

图2–11　脚手架剪刀撑设置三维图及实际照片

（6）斜撑。悬挑式脚手架的转角部位，“一”字形、开口形脚手架的端部必须从底部至顶部安装横向斜撑，横向斜撑呈“之”字形连续布置，斜撑与其相交的立杆或者横杆采用旋转扣件连接。

将横向框架连接在一起形成超静定几何不变体系，需要依靠横向斜撑的作用，同时横向斜撑还能够限制脚手架框架在横向上发生水平位移，更加保证扣件式钢管脚手架架体的整体安全性能。

（7）连墙件。连墙件（图2–12）是指脚手架架体与建筑主体结构连接的水平构件，能够将脚手架产生的拉力和压力传递给建筑物。连墙件需从底部第一根纵向水平杆处开始设置，连墙件应与结构连接牢固，通常采用预埋件连接。连墙件的设置能有效提高脚手架抗侧移刚度，从而降低脚手架横向侧移的风险。

悬挑脚手架作为施工用临时结构，搭设高度可达数十米。由于立杆使用存在老旧或安装不到位等现象，不能保证立杆完全垂直，从而产生偏心受压，且悬挑脚手架宽度仅在1.2m左右，导致长细比易失调，在施工过程中易发生失稳现象，因此在搭设过程中必须设置连墙件与主体建筑连接，以保证悬挑脚手架的整体稳定性。

图 2–12 脚手架连墙件三维图

连墙件应设置在主节点附近，与主节点距离应当小于 300mm。布置必须从每个悬挑段的第一步架开始，如果遇到布置困难的情况，必须采取其他可靠的固定措施。连墙件应当水平设置，遇到不能水平设置时，与脚手架连接的一端不得高于与主体结构连接的一端。最后，在“一”字形、开口形脚手架的两端必须安装连墙件，连墙件的垂直间距应小于建筑物的层高并不超过 4m（两步）。不同高度下连墙件最大布置间距可参考表 2–1。

表 2–1 连墙件最大布置间距建议值

序号	搭设方法	高度（m）	竖向间距 h（m）	水平间距 l_a（m）	每根连墙件覆盖面积（m^2）
1	双排落地	≤ 50	$3h$	$3l_a$	≤ 40
2	双排悬挑	≥ 50	$2h$	$2l_a$	≤ 27

常见连墙件的形式有：预埋式钢管连墙件、软拉硬撑式连墙件、抱箍式连墙件、后置螺栓连墙件，如图 2–13 所示。根据脚手架结构施工安全及使用要求，使用单位选择合适的连墙件。

（8）底座（图 2–14）。扣件式钢管脚手架的底座用于承受脚手架立柱传递下来的荷载，底座一般采用厚 8mm，边长 150 ～ 200mm 的钢板作底板，上焊 150mm 高的钢管。

底座形式有内插式和外套式两种，内插式的外径 $D1$ 比立杆内径小 2mm，外套式的内径 $D2$ 比立杆外径大 2mm。

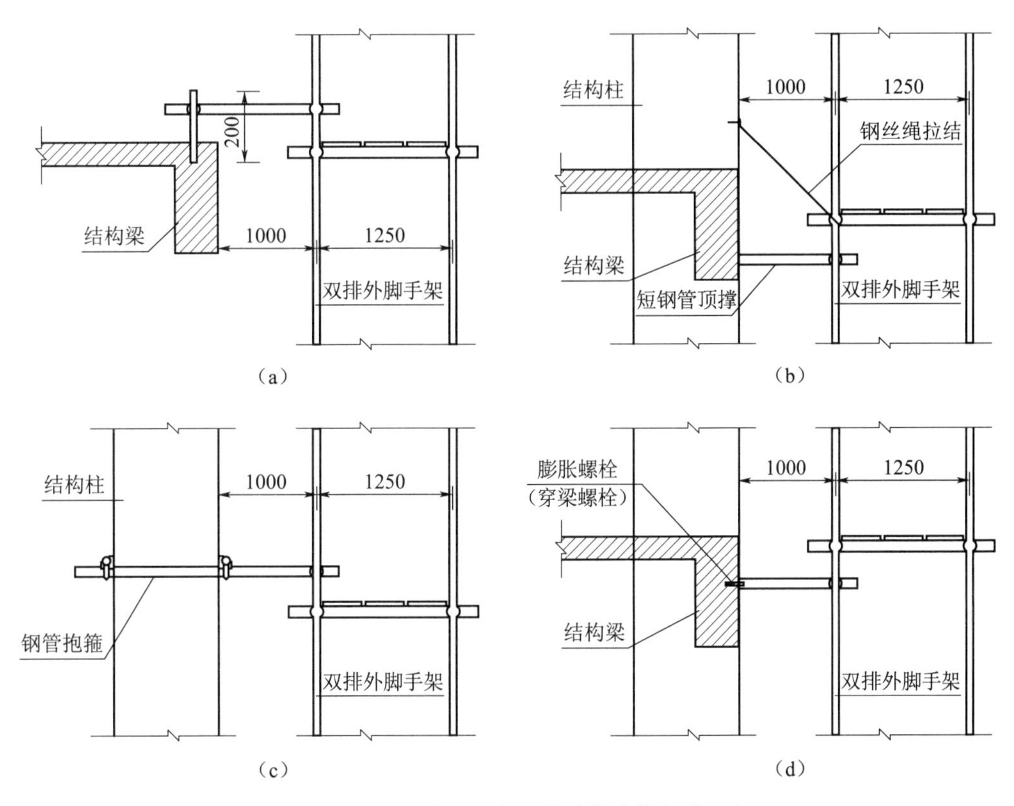

图 2-13　脚手架连墙件与主体结构连接方式示意图

（a）预埋式钢管连墙件；（b）软拉硬撑式连墙件；
（c）抱箍式连墙件；（d）后置螺栓连墙件

（9）型钢梁（图 2-15）。型钢梁一般适用于悬挑式脚手架，型钢梁承受上部脚手架自重及施工荷载，通过悬挑型钢梁将上部竖向荷载传递至主体结构，型钢梁一端固定于主体结构，另一端用来支撑脚手架立杆。型钢梁悬挑端可设置上拉下撑构件，以增加悬挑式脚手架的整体安全性，减少悬挑构件端部的挠度。

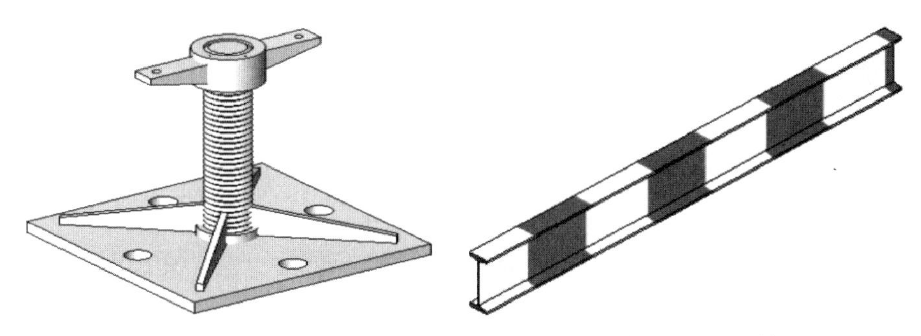

图 2-14　脚手架底座三维图　　图 2-15　悬挑式脚手架型钢梁三维图

2.2 作业脚手架设计基本规定和要求

2.2.1 荷载设计

脚手架承受的荷载应包括永久荷载和可变荷载。

将脚手板、安全网、栏杆等荷载划分为永久荷载，是因为这些附件的设置虽然随施工进度变化，但对用途确定的脚手架来说，它们的重量、数量也是确定的。架体上的建筑材料及堆放物（含钢筋、模板、混凝土、钢构件等），也将其荷载划分为永久荷载，是因为其荷载在架体上的位置和数量是相对固定的。永久荷载包括：

（1）脚手架结构件自重。

（2）脚手板、安全网、栏杆等附件的自重。

（3）支撑脚手架所支撑的物体自重。

（4）其他永久荷载。

可变荷载分为施工荷载、风荷载、其他可变荷载。其中施工荷载是指人及随身携带的小型机具的自重荷载；其他可变荷载是指除施工荷载、风荷载以外的其他所有可变荷载，包括雪荷载、振动荷载、冲击荷载、架体上移动的机具荷载等，应根据实际情况累计计算。在北方地区，需特别注意对雪荷载的考虑。脚手架的可变荷载应包括下列内容：

（1）施工荷载。

（2）风荷载。

（3）其他可变荷载。

作业脚手架永久荷载是相对固定的，可变荷载在不同情况下会有所变化，施工技术人员可根据实际情况确定，同时应符合国家现行标准提出的以下规定：

（1）当作业脚手架上存在 2 个及以上作业层同时作业时，在同一跨距内各操作层的施工荷载标准值总和取值不应小于 $5.0kN/m^2$。

（2）一般脚手架结构在风荷载标准值计算公式中，均不需计入风振系数，对于高耸作业脚手架、悬挑或跨空支撑脚手架、搭设在超高部位的脚手架应考虑风振系数的影响。

在计算水平风荷载标准值时，高耸塔式结构、悬臂结构等特殊脚手架结构应计入风荷载的脉动增大效应。

（3）对于脚手架上的动力荷载，应将振动、冲击物体的自重乘以动力系数 1.35 后计入可变荷载标准值。必要时，也可通过实测的方法确定其荷载标准值。

（4）脚手架设计时，荷载应按承载能力极限状态和正常使用极限状态计算的需要分别进行组合，并应根据正常搭设、使用或拆除过程中在脚手架上可能同时出现的荷载，取最不利的荷载组合。

2.2.2 结构设计

脚手架设计计算应根据工程实际施工工况进行，结果应满足对脚手架强度、刚度、稳定性的要求。

（1）脚手架设计时应根据架体结构、工程概况、搭设部位、使用功能要求、荷载等因素具体确定。同时，脚手架的设计计算内容是因架体结构和构造等因素不同而变化的，在设计计算内容选择时，应具体分析确定。一般来说，对于落地作业脚手架应包括下列内容：

1）水平杆件抗弯强度、刚度；

2）立杆稳定承载力；

3）地基承载力；

4）立杆基础上的支撑结构承载力与变形；

5）连墙件杆件强度、稳定承载力、连接强度；

6）当水平杆与立杆连接节点处有竖向力作用时，应进行节点抗滑移验算；

7）当有缆风绳时，应计算缆风绳承载力及连接强度。

（2）对于脚手架的设计步骤，一般根据工程概况和有关技术要求先进行初步方案设计并进行验算、调整，经再验算、再调整过程，直至满足技术要求后最终确定架体搭设方案。计算时，先对架体进行受力分析，在明确荷载传递路径的基础上，再选择具有代表性的最不利杆件或构配件作为计算单元进行计算。

脚手架结构设计计算应依据施工工况选择具有代表性的最不利杆件及构配件，以其最不利截面和最不利工况作为计算条件，计算单元的选取应符合下列规定：

1）应选取受力最大的杆件、构配件；

2）应选取跨距、间距变化和几何形状、承力特性改变部位的杆件、构配件；

3）应选取架体构造变化处或薄弱处的杆件、构配件；

4）当脚手架上有集中荷载作用时，尚应选取集中荷载作用范围内受力最大的杆件、构配件。

（3）脚手架杆件和构配件强度应按净截面计算；杆件和构配件稳定性、变形应按毛截面计算。脚手架杆件材料一般使用钢材，钢结构强度验算为构件某一截面验算，因此取净截面；而构件的稳定性及变形为构件整体性能，与构件或结构的整体刚度有关，构件局部有限削弱对结构整体刚度影响不大，因此构件的稳定性和变形取毛截面计算。

（4）脚手架按不同极限状态设计时，荷载组合值和材料、构配件物理性能和抗力值的选择方法：对于不同的极限状态应选择对应的荷载组合中最不利的荷载组合值进行计算；当脚手架按承载能力极限状态设计时，应采用荷载基本组合和材料强度设计值计算；当脚手架按正常使用极限状态设计时，应采用荷载标准组合和变形限值进行计算。

（5）脚手架结构受弯构件的容许挠度值，是受弯构件变形计算的依据。受弯构件的容许挠度应符合表 2–2 的规定。

表 2–2 脚手架受弯构件的容许挠度

构件类别	容许挠度（mm）
脚手板、水平杆件	L/150 与 10 取较小值
作业脚手架悬挑受弯构件	L/400
模板支撑脚手架受弯构件	L/400

注：L 为受弯构件的计算跨度，对悬挑构件取悬挑长度的 2 倍。

2.2.3 构造要求

脚手架架体的结构布置要满足传力明晰、合理的要求；架体的搭设依据施工条件和环境变化，满足安全施工的要求。作业脚手架的基本构造要求如下：

（1）作业脚手架连墙件是保证架体侧向稳定的重要构件，是作业脚手架设计计算的主要基本假定条件，对作业脚手架连墙件设置作出规定的目的是控制作业脚手架的失稳破坏形态，保证架体达到专项施工方案设计规定的承载力。当连墙件按竖向间距 2 步或 3 步设置时，作业脚手架的主要破坏形式是在抗弯刚度较弱的方向（纵向或横向）呈现出多波鼓曲失稳破坏；当连墙件作稀疏布置，其竖向间距大到 4 ～ 6 步时，作业脚手架发生横向大波鼓曲失稳破坏，这种失稳破坏的承载力低于前一种破坏形式，如图 2–16 所示。作业脚手架的计算公式是根据连墙件按小于或等于 3 步的条件确定的，否则计算公式的应用条件不再成立。

要求连墙件既能够承受拉力，也能够承受压力，是要求连墙件为可承受拉力和压力的刚性杆件。因为连墙件的受力较为复杂，而且其受力性质经常随施工荷载、风荷载、风向的变化而变化，所以要求连墙件要有足够的强度和刚度。连墙件设置的位置、数量是根据架体高度、工程结构形状、楼层高度、荷载等因素经设计和计算确定的；架体与工程结构可靠连接，是作业脚手架在竖向荷载作用下的整体稳定和在水平风荷载作用下的安全可靠承载的保证。架体顶层连墙件以上的悬臂高度不允许超过 2 步，是从操作安全的角度来考虑的，否则架体不稳定。

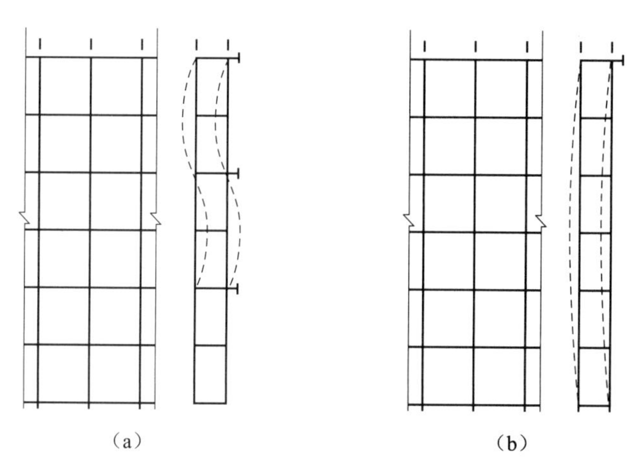

图 2-16 作业脚手架失稳破坏示意图

（a）多波鼓曲失稳破坏；（b）横向大波鼓曲失稳破坏

在作业脚手架的转角处，开口形作业脚手架端部是架体的薄弱环节，因此应增加连墙件的设置。当按脚手架专项施工方案布置连墙件时，可能设置连墙件的位置正好处于工程洞口的位置，此种情况可在洞口处设置强度和刚度均满足要求的型钢梁或钢桁架，将连墙件固定在型钢梁或钢桁架上。作业脚手架应按设计计算和构造要求设置连墙件，并应符合下列要求：

1）连墙件应采用能承受压力和拉力的刚性构件，并应与工程结构和架体连接牢固。

2）连墙点的水平间距不得超过 3 跨，竖向间距不得超过 3 步，连墙点之上架体的悬臂高度不应超过 2 步。

3）在架体的转角处、开口形作业脚手架端部应增设连墙件，连墙件竖向间距不应大于建筑物层高，且不应大于 4m。

（2）作业脚手架的外侧设置竖向剪刀撑是保证架体稳定的重要构造措施，应按要求设置。竖向剪刀撑在作业脚手架 24m 高度上下区分为不同设置是根据施工经验确定的。作业脚手架外侧纵向设置的每道竖向剪刀撑的宽度不应过宽，也不应过窄，否则会降低竖向剪刀撑的作用效果。作业脚手架外侧立面竖向剪刀撑连续设置时，竖向剪刀撑斜杆间的距离也应该是符合上述每道剪刀撑宽度时的剪刀撑斜杆间的距离。悬挑式脚手架、附着式升降脚手架因是离开地面在空中搭设的脚手架，施工可变的因素增大,因此标准要求竖向剪刀撑在全外侧立面上由底至顶连续设置。

作业脚手架的纵向外侧立面上应设置竖向剪刀撑，并应符合下列规定：

1）每道剪刀撑的宽度应为4～6跨，且不应小于6m，也不应大于9m；剪刀撑斜杆与水平面的倾角应在45°～60°；

2）当搭设高度在24m以下时，应在架体两端、转角及中间每隔不超过15m各设置一道剪刀撑，并应由底至顶连续设置；当搭设高度在24m及以上时，应在全外侧立面上由底至顶连续设置；

3）悬挑式脚手架、附着式升降脚手架应在全外侧立面上由底至顶连续设置。

（3）悬挑式脚手架的悬挑支承结构设置应经过设计计算确定，不可随意布设。悬挑式脚手架上部架体的搭设与一般落地作业脚手架基本相同，重点是底部悬挑支承结构件的安装应牢固，不得侧倾或晃动。在底部立杆上设置纵向扫地杆和间断设置水平剪刀撑或水平斜撑杆，是为了防止悬挑支承结构纵向晃动。

悬挑式脚手架立杆底部应与悬挑支承结构可靠连接；应在立杆底部设置纵向扫地杆，并应间断设置水平剪刀撑或水平斜撑杆。

（4）作业脚手架应采取可靠加强构造措施。加强构造措施的做法应根据作业脚手架的种类、施工工况、荷载等因素经过设计计算并在专项施工方案中明确。应对下列部位的作业脚手架采取可靠的构造加强措施：

1）附着、支承于工程结构的连接处；

2）平面布置的转角处；

3）塔式起重机、施工升降机、物料平台等设施断开或开洞处；

4）楼面高度大于连墙件设置竖向高度的部位；

5）工程结构凸出物影响架体正常布置处。

临街作业脚手架的外侧立面、转角处应采取有效硬防护措施，设有效硬防护措施是为了避免尖硬物体穿透安全网，防止坠物伤人。

2.3 作业脚手架电算参数详解

为了帮助项目技术人员更加快速及熟练地使用施工安全计算软件，本节对电算部分必要参数进行详解。对于掌握部分理论知识，但缺少实际项目实践的技术人员，熟练使用软件有利于工作的开展和技术的提升。

2.3.1 落地脚手架软件计算参数输入详解

1. 脚手架基本参数的输入（图 2-17）

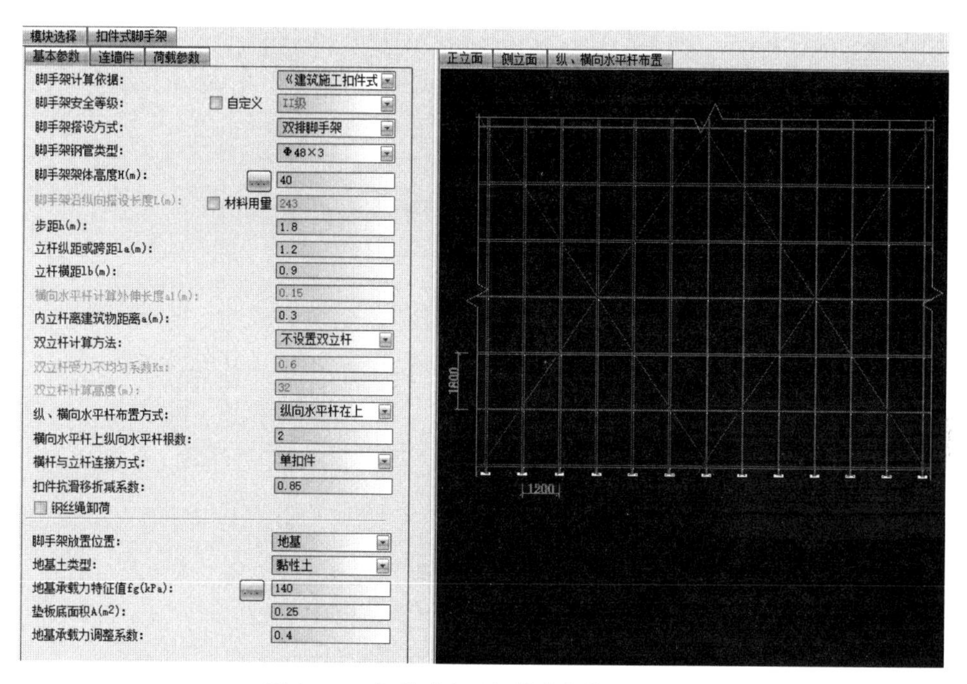

图 2-17　扣件式脚手架基本参数设置界面

（1）脚手架计算依据：

软件提供的选取标准为：国家现行标准《建筑施工脚手架安全技术统一标准》GB 51210、《建筑施工扣件式钢管脚手架安全技术规范》JGJ 130、《建筑施工扣件式钢管脚手架安全技术标准》T/CECS 699，可根据计算项目的实际情况，选取相应的标准作为脚手架计算依据。

（2）脚手架安全等级：

软件界面提供的脚手架安全等级选取内容为一级或二级，落地作业脚手架及悬挑式脚手架安全等级划分如表 2-3 所示。

表 2-3　落地作业脚手架及悬挑式脚手架安全等级划分

序号	落地作业脚手架		悬挑式脚手架		安全等级
	搭设高度（m）	荷载标准值（kN）	搭设高度（m）	荷载标准值（kN）	
1	≤ 40	—	≤ 20	—	二级
2	>40	—	>20	—	一级

（3）脚手架搭设方式：

软件提供的落地脚手架常规搭设方式为：单排脚手架及双排脚手架（图 2-18）。双排脚手架是指设置双排立杆的脚手架，单排脚手架是指设置一排立杆的脚手架。如施工现场条件允许，项目设置双排脚手架稳定性更佳，双排脚手架更利于外立面施工。

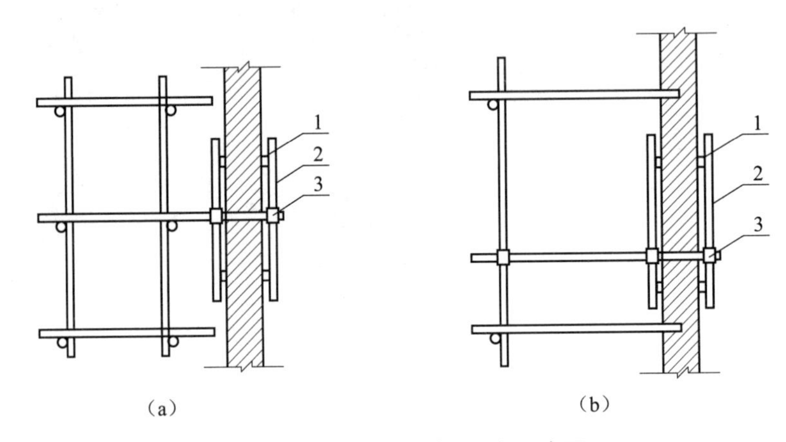

图 2-18 单排及双排脚手架示意图

（a）双排脚手架（平面）；（b）单排脚手架（平面）

1—垫木；2—短钢管；3—直角扣件

（4）脚手架钢管类型：

脚手架搭设材料一般使用钢管截面（图 2-19），脚手架属于桁架体系，脚手架立杆为主要受力构件，控制立杆长细比及相应的稳定承载力是保证脚手架安全的关键因素。相对其他截面，钢管截面同等截面面积下回转半径更大，经济性好，材料重复利用率高。表 2-4 给出几种常用的钢管截面详细信息。

表 2-4 钢管截面信息表

序号	外径（mm）	壁厚（mm）	截面积 A（cm^2）	惯性矩（cm^4）	截面模量（cm^3）	回转半径（cm）	每米质量（kg/m）
1	48	3	4.241	10.783	4.493	1.59	3.31
2	48	3.5	4.893	12.187	5.078	1.57	3.81
3	48.3	3.6	5.06	12.71	5.26	1.59	3.97

图 2-19 脚手架钢管截面示意图

（5）脚手架架体高度：

脚手架高度为自立杆底座下皮至架顶栏杆上皮的垂直距离（国家现行标准中规定：单排脚手架最高搭设高度为 24m，双排脚手架为 50m，如脚手架高度超过 50m 必须设置双立杆）。根据《建筑施工扣件式钢管脚手架安全技术标准》T/CECS 699—2020，连墙件不同设置方式下，常用密目式安全立网全封闭双排脚手架设计尺寸允许高度如表 2–5 所示，施工技术人员根据脚手架设计具体情况进行选取。

表 2–5 常用密目式安全立网全封闭双排脚手架设计尺寸

连墙件设置	立杆横距（m）	步距（m）	下列荷载时的立杆纵距			脚手架允许搭设高度（m）
			2+0.35（kN/m^2）	3+0.35（kN/m^2）	2×2+2×0.35（kN/m^2）	
两步三跨	1.05	1.5	2	1.5	1.5	50
		1.8	1.8	1.5	1.5	32
	1.3	1.5	1.8	1.5	1.5	50
		1.8	1.8	1.5	1.2	30
	1.55	1.5	1.8	1.5	1.5	38
		1.8	1.8	1.5	1.2	22
三步三跨	1.05	1.5	1.8	1.5	1.5	37
		1.8	1.8	1.5	1.2	24
	1.3	1.5	1.8	1.5	1.5	30
		1.8	1.5	1.5	1.2	16

注：1. 表中所示 2×2+2×0.35（kN/m^2），包括下列荷载：2×2（kN/m^2）为二层装修作业层施工荷载标准值，2×0.35（kN/m^2）为二层脚手板自重荷载标准值；
2. 表中地面粗糙度为 B 类。

（6）脚手架步距 h、立杆纵距 L_a、立杆横距 L_b（图 2–20）：

脚手架步距是指上下两排大横杆之间的距离（上下主水平杆轴线的间距），常规脚手架搭设步距一般取 1.5m、1.8m，其中步距取相对较小值时，脚手架立杆计算长度减小，立杆长细比降低，立杆稳定承载力增加，因此脚手架整体稳定承载力增加，整体抵抗变形的能力增加，脚手架搭设的高度相对增加。但是双排脚手架提供的使用功能是为施工人员提供操作空间，因此步距的取值应方便操作人员施工，取值应高于工人平均身高，从而提高施工效率。脚手架步距的取值应结合项目实际需求选取，同时满足立杆的整体稳定性及压弯杆件长细比要求。

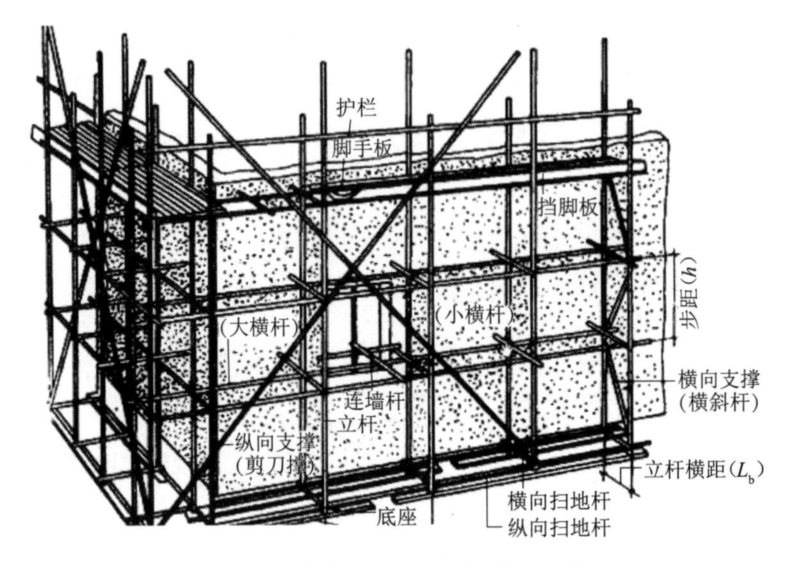

图 2–20　脚手架各杆件步距、纵距、横距示意图

立杆纵距或跨距是脚手架长度方向的立杆轴线间距（相邻外排立杆之间的距离）。立杆纵距的取值大小是决定大横杆抗弯承载力及竖向变形的关键因素。

立杆横距，双排架时是指内立杆与外立杆的轴线间距；单排架时是指立杆轴线与外墙中心线的间距。

内立杆离建筑物距离是指双排脚手架中，靠近墙一侧立杆与墙的间距。

（7）双立杆计算方法：

双立杆计算方法包括不设置双立杆、按构造要求设置、按双立杆均匀受力三种选项。其中不设置双立杆和按构造要求设置在计算书中都按单立杆受力考虑；而按双立杆均匀受力计算则是在计算书中考虑两根立杆均匀受力进行验算的。脚手架模型参数的选取根据项目实际情况选择。

如选择设置双立杆，双立杆计算高度是指在搭设双立杆脚手架时，双立杆搭设一般不会搭设到顶端，一般来说是脚手架下半段为双立杆，上半段为单立杆。故双立杆搭设高度是双立杆部分的搭设高度。

（8）纵、横向水平杆布置方式：

分为纵向水平杆在上、横向水平杆在上两种形式。如图 2–21 所示为纵向水平杆在上、横向水平杆在下的形式，其中纵向水平杆上面铺设脚手板，脚手板上的施工面荷载传递至纵

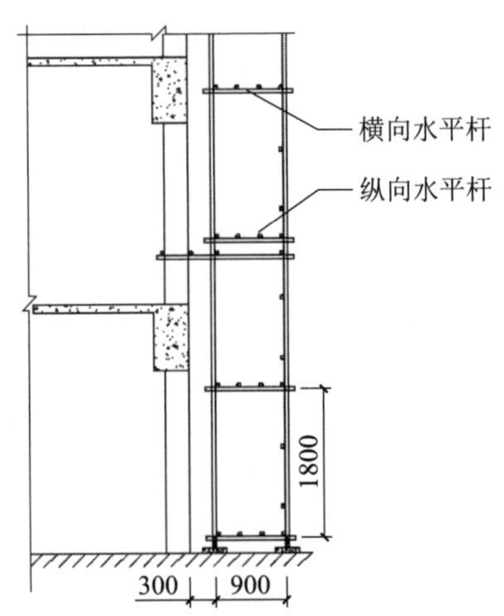

图 2–21　纵、横向水平杆布置示意图

向水平杆，然后沿纵向水平杆传递至两端横向水平杆，最终传递至立杆。

（9）横向水平杆上纵向水平杆根数是指除外侧及内侧纵向水平杆外，横向水平杆上内部布置的纵向水平杆数量，如图 2–21 所示，横向水平杆上纵向水平杆根数为 2 根。

（10）横杆与立杆连接方式：横杆与立杆连接是采用扣件的，当脚手架荷载值比较大，单个扣件的抗滑力（标准值为 8kN）不能满足要求时，可以采用双扣件进行连接以增加抗滑力。

（11）扣件抗滑承载力系数：扣件在使用一定时间后，抗滑承载力会下降，可将扣件进行抗滑承载力试验，取得数据与国家标准值 8kN 之比为抗滑承载力系数，也可以考虑为扣件的安全储备系数。

（12）地基承载力标准值：脚手架系临时结构，故标准只规定对立杆进行地基承载力验算，不必进行地基变形验算。通常应按照实际地基勘测报告录入，没有实测数据时，确定地基土类型后可从软件提供的表格中查找相应数值填入。

（13）垫板底面积：脚手架立杆底座、垫板与地基土接触受力的面积。可按以下情况确定：

1）仅有立杆支座（支座直接放于地面上）时，取支座的底面积；

2）在支座下设有厚度为 50 ～ 60mm 的木垫板（或木脚手板），则为 $a \times b$（a 和 b 分别为垫板的两个边长，且不小于 200mm），当面积计算值大于 $0.25m^2$ 时，则取 $0.25m^2$ 计算；

3）在支座下采用枕木做垫木时，面积按照枕木的底面积计算；

4）当一块垫木或垫板上支撑 2 根以上立杆时，则为 $a \times b/n$（n 为立杆数），且所用木垫板应符合第 2）条的取值规定。

（14）地基承载力调整系数：由于立杆基础（底座、垫板）通常置于地表面，地基承载力设计值容易受外界因素的影响而下降，故采用调整系数对地基承载力设计值予以折减，以保证脚手架安全。碎石土、砂土、回填土取 0.4；黏土取 0.5；岩石、混凝土取 1.0。

2. 连墙件基本参数详细介绍（图 2–22）

（1）连墙件布置方式：

连墙件是连接脚手架与建筑的构件，是按照脚手架的步、跨来设置的。脚手架设置连墙件的方式有一步一跨、一步两跨、两步一跨、两步两跨、两步三跨、三步两跨、三步三跨，连墙件设置数量多，设置间距小，有利于脚手架整体稳定性和整体抗倾覆能力。但是连墙件的设置需考虑建筑物构件设置的实际情况，将脚手架承受的一部分水平力直接传递给建筑物，连墙件设置的位置及数量需综合考虑安全性及经济性等各种因素。根据我国长期使用经验，连墙件的设置常采用两步三跨、三步三跨。

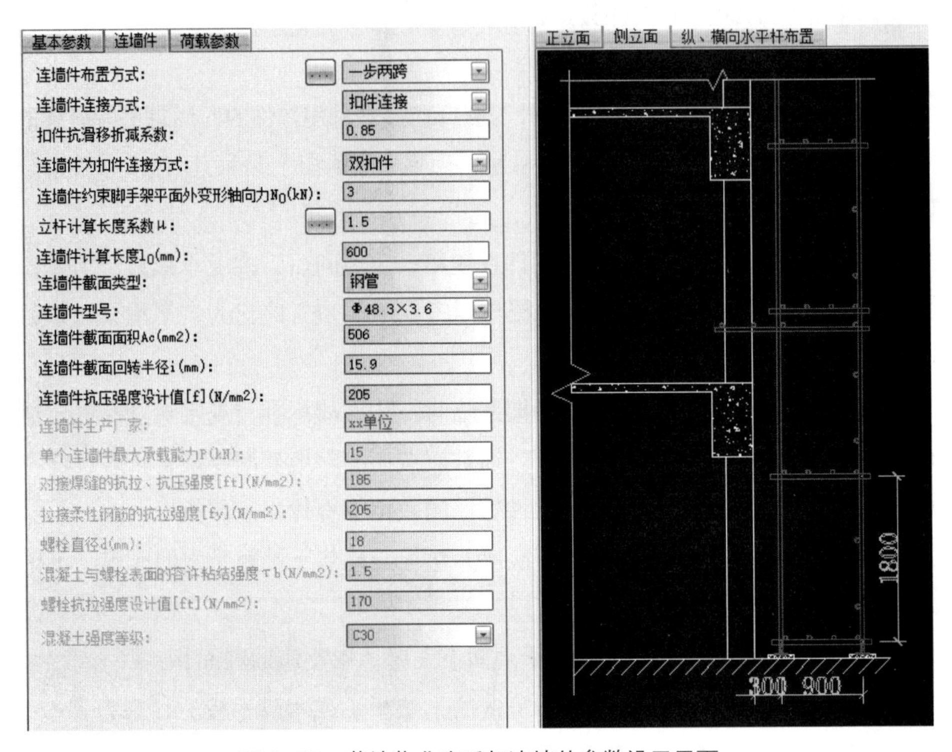

图 2–22 落地作业脚手架连墙件参数设置界面

脚手架连墙件布置最大间距如表 2–6 所示。

表 2–6 脚手架连墙件布置最大间距

搭设方式	高度（m）	竖向间距 h（m）	水平间距 l_a（m）	每根连墙件覆盖的面积（m^2）
双排落地	≤ 50	$3h$	$3l_a$	≤ 40
双排悬挑	>50	$2h$	$3l_a$	≤ 27
单排	≤ 24	$3h$	$3l_a$	≤ 40

注：h 为相邻横杆之间的距离，即步距；l_a 为相邻外立杆之间的距离。

（2）连墙件连接方式：

连墙件有扣件连接、软拉硬撑、焊缝连接、螺栓连接、膨胀螺栓连接等。对于高度超过 24m 的脚手架，不允许使用软拉硬撑的连墙件形式。

（3）连墙件扣件抗滑移折减系数：

扣件在使用一定时间后，抗滑承载力会下降，可将扣件进行抗滑承载力试验，取得数据后与国家标准值 8kN 之比为抗滑承载力系数，也可以考虑为扣件的安全储备系数。

（4）连墙件约束脚手架平面外变形轴向力：

连墙件杆件强度及稳定性验算时，需考虑连墙件的轴向压力设计值，其中轴向压力设计值由两部分荷载组成，其中一部分为风荷载产生的连墙件轴向力设计值，另一部分为连墙件约束脚手架平面外变形产生的轴向力，根据国家现行标准取值建议：单排架取 2kN，双排架取 3kN。

（5）立杆计算长度系数：

细长杆件杆端约束越强，杆的抗弯能力越大，其失稳临界力也越大。根据各种杆端约束下细长压杆的失稳时挠曲线形状，压杆失稳时挠曲线拐点上的弯矩为零，故可设想拐点处有一铰点，而将压杆在挠曲线两个拐点间的一段看作两端铰支压杆，这两个拐点之间的长度即为原压杆的相当长度 μl，也称为压杆的计算长度，μ 为压杆的计算长度系数。表 2-7 给出几种不同支承条件下等截面细长压杆的计算长度系数取值。

表 2-7 各种支承条件下等截面细长压杆长度因数

支端情况	两端铰支	一端固定 另端铰支	两端固定	一端固定 另端自由	两端固定但可沿横 向相对移动
失稳时挠曲线形状	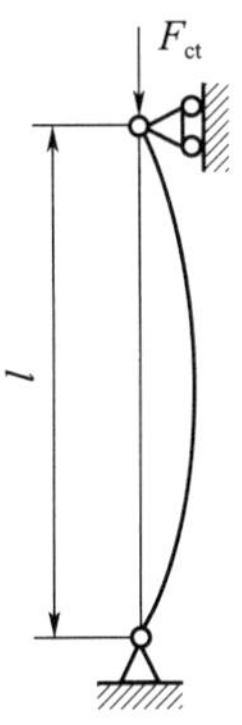 F_{ct} l	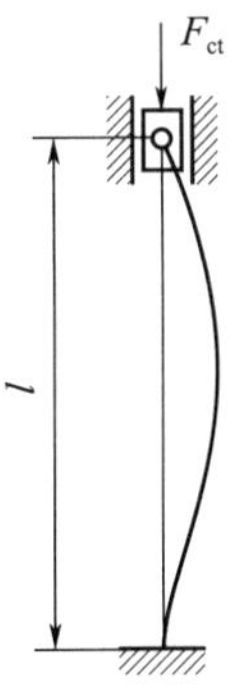 F_{ct} l	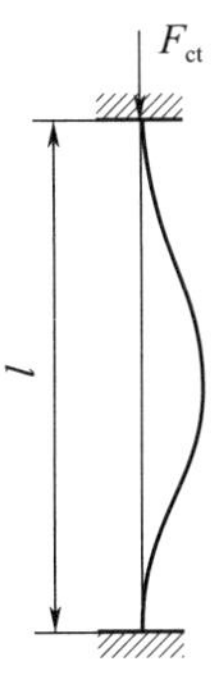 F_{ct} l	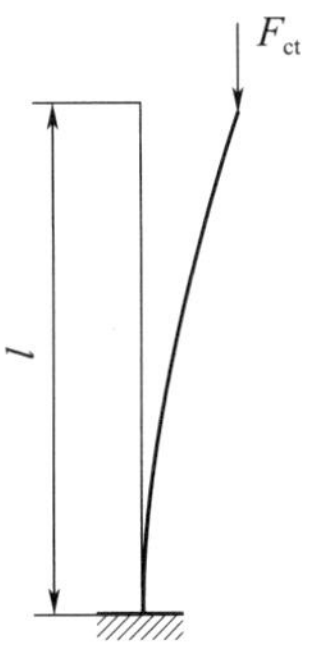 F_{ct} l	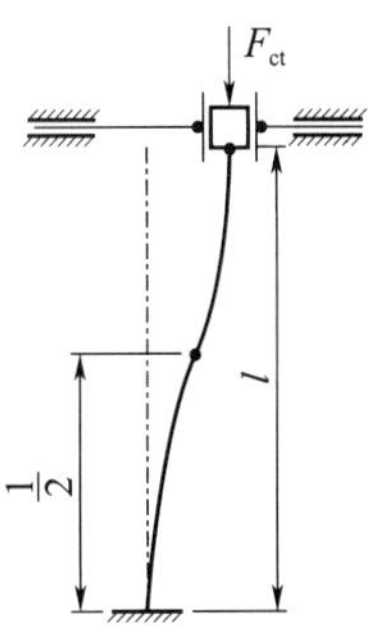 F_{ct} l $\frac{l}{2}$
长度因数 μ	μ=1	μ=0.7	μ=0.5	μ=2	μ=1

对于作业脚手架，立杆的计算长度系数与立杆的约束条件和连墙件的设置有关。其中，连墙件对立杆杆端的约束介于刚接与铰接之间，我国现行标准给出单、双排脚手架立杆在常用的几种连墙件布置方式下计算长度系数取值，如表 2-8 所示。

表 2-8　单、双排脚手架立杆计算长度系数 μ

类别	立杆横距（m）	连墙件布置	
		两步三跨	三步三跨
双排架	1.05	1.50	1.70
	1.30	1.55	1.75
	1.55	1.60	1.80
单排架	≤ 1.50	1.80	2.00

3. 荷载基本参数详细介绍（图 2-23）

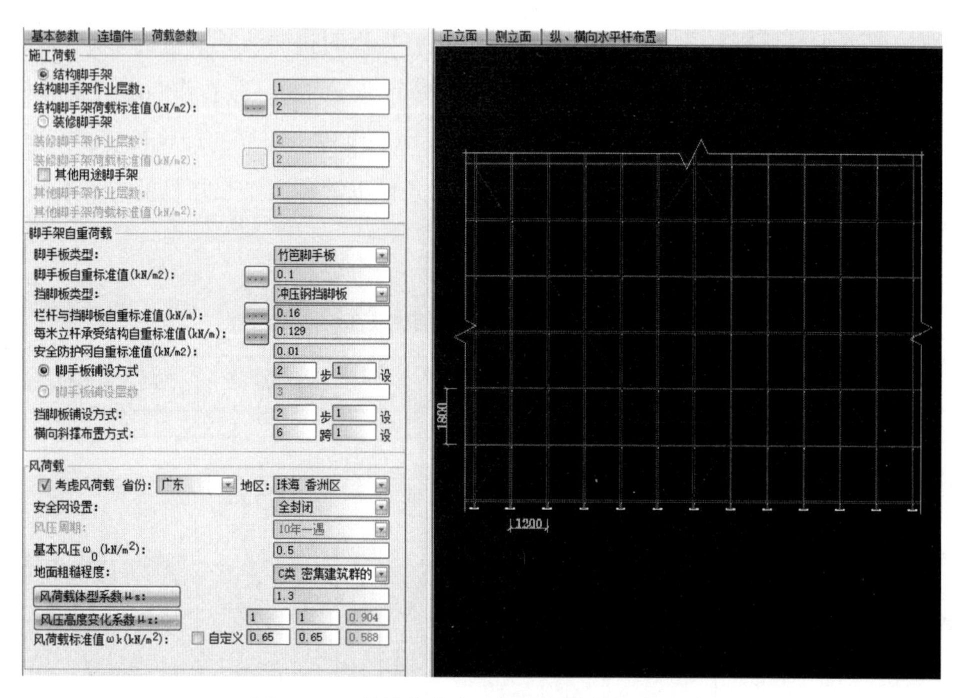

图 2-23　落地作业脚手架荷载参数设置界面

（1）施工荷载：结构及装饰装修脚手架作业层数及结构脚手架荷载标准值。

根据实际情况确定作业脚手架上的施工荷载标准值，且不应低于表 2-9 的规定。墙体砌筑作业时，脚手架作业层上需堆放砖块、摆放砂浆桶，根据国家现行相关规定取施工荷载标准值为 3kN/m²；混凝土结构和其他主体结构施工时，作业脚手架主要作为操作人员的作业平台，作业层上一般只有作业人员和其使用的工具及少量材料荷载，标准确定其施工荷载标准值取值为 2.0kN/m²。

脚手架施工荷载标准值的取值根据工程施工实际情况确定。对于特殊用途的脚手架，应根据架上的作业人员、工具、设备、堆放材料等因素综合确定施工荷载标准值的取值。

表 2-9 作业脚手架施工荷载标准值

序号	作业脚手架用途	施工荷载标准值（kN/m^2）
1	砌筑工程作业	3.0
2	装饰装修作业	2.0
3	其他主体结构工程作业	2.0
4	防护作业	1.0

注：1. 表格中所列防护作业脚手架，主要是指用于洞口防护、临边防护、高压线路防护等不上人、不起支撑作用的脚手架；

2. 当作业脚手架上存在 2 个及以上作业层同时作业时，在同一跨距内各操作层的施工荷载标准值总和取值不应小于 $5.0kN/m^2$。根据脚手架设置方式选取合理的荷载参数，同时施工脚手架使用时严禁超载，如明确使用时可能超载，计算时应输入实际使用荷载，确保脚手架使用时的安全性。

（2）脚手架自重荷载：脚手板、挡脚板、栏杆及安全防护网自重标准值。

1）软件提供的脚手板类型选择有竹笆脚手板和钢笆脚手板。《建筑施工扣件式钢管脚手架安全技术标准》T/CECS 699—2020 根据项目使用脚手板重量，给出脚手板自重标准值取值（详见本书附录 B 表 B.0.5-1），参数选取中根据项目实际使用材料选择相应的数据计算。

2）软件提供的挡脚板类型有冲压钢挡脚板、竹串片挡脚板及木挡脚板，《建筑施工扣件式钢管脚手架安全技术标准》T/CECS 699—2020 根据项目使用挡脚板重量，给出栏杆、挡脚板自重标准值取值（详见本书附录 B 表 B.0.5-2），参数选取中根据项目实际使用材料选择相应的数据计算。

3）安全防护网自重标准值，脚手架上吊挂的安全设施或钢板防护网的自重标准值应按实际情况选取，密目式安全立网自重标准值不应低于 $0.01kN/m^2$。

4）脚手板及挡脚板（图 2-24）铺设方式，项目施工作业层必须铺满脚手板，自顶层作业层脚手架向下计算，宜每隔一个步距设置一层脚手板，项目实际设置铺设的脚手板和挡脚板根据项目实际情况需求及材料供应条件选取。

5）横向斜撑布置方式：横向斜撑应在同一节间，由底至顶层呈“之”字形连续布置，高度在 24m 以下的封闭型双排脚手架可不设横向斜撑。高度在 24m 以上的封闭型脚手架，除拐角应设置横向斜撑外，中间应每隔 6 跨距设置一道。开口型双排脚手架的两端均应设置横向斜撑。

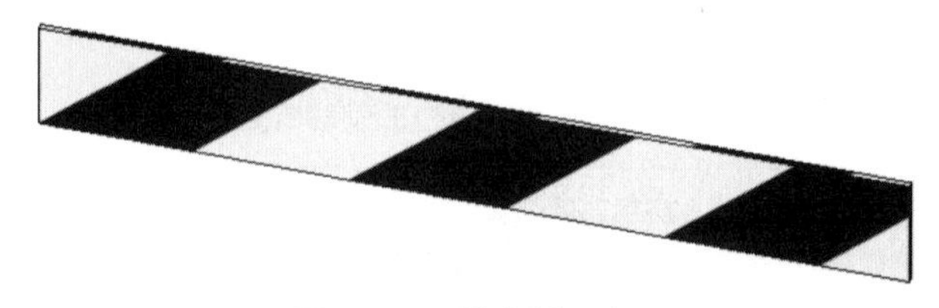

图 2-24　挡脚板示意图

（3）风荷载参数取值及计算：

脚手架使用期一般为 1 ～ 3 年，相对来说，遇到强风的概率要小得多，是偏于安全的。

作业脚手架是附在主体结构上设置的框架结构，风对其作用分布比较复杂，与作业脚手架背靠建筑物的状况及作业脚手架采用的围护材料、围护状况有关。

作用于脚手架上水平风荷载标准值应按下式计算：

$$w_k = \mu_z \times \mu_s \times w_0 \quad (2\text{-}1)$$

式中　w_k——风荷载标准值（kN/m^2）；

w_0——基本风压值（kN/m^2），应按现行国家标准《建筑结构荷载规范》GB 50009 的规定取重现期 $n = 10$ 对应的基本风压值；

μ_z——风压高度变化系数，应按现行国家标准《建筑结构荷载规范》GB 50009 的规定取用，由地面粗糙度类别及计算位置离地面或海平面高度，查找相应表格选取；

μ_s——风荷载体型系数，该系数与受风结构的体型相关，考虑脚手架的特殊情况，根据现行国家标准《建筑结构荷载规范》GB 50009 的规定并参考国外同类标准给出公式，可按表 2-10 的规定取用。

表 2-10　脚手架风荷载体型系数 μ_s 取值

背靠建筑物的状况	全封闭墙	敞开、框架和开洞墙
封闭型作业脚手架	1.0 ϕ	1.3 ϕ
开口型支撑脚手架	μ_{stw}	

注：1. ϕ 为脚手架挡风系数，$\phi = 1.2A_n / A_w$，其中：A_n 为脚手架迎风面挡风面积（m^2），A_w 为脚手架迎风面面积（m^2）。

2. 当采用密目安全网全封闭时，取 $\phi = 0.8$，μ_s 最大值取 1.0。

3. μ_{stw} 为按多榀桁架确定的支撑脚手架整体风荷载体型系数，按现行国家标准《建筑结构荷载规范》GB 50009 的规定计算。

表 2–10 给出的全封闭作业脚手架风荷载体型系数，是根据现行国家标准《建筑结构荷载规范》GB 50009 的规定给出的。有关试验表明，作业脚手架采用密目式安全网全封闭状况下，其挡风系数 $\phi = 0.7$，考虑到密目式安全网挂灰等因素，标准中取 $\phi = 0.8$。当作业脚手架背靠全封闭墙时，$\mu_s = 1.0 \times \phi$；当作业脚手架背靠敞开、框架和开洞墙时，$\mu_s = 1.3 \times \phi$。μ_s 最大值超过 1.0 时，取 $\mu_s = 1.0$。

软件中给出地面粗糙度选择选项，地面粗糙度可分为 A、B、C、D 四类：

1）A 类指近海海面和海岛、海岸、湖岸及沙漠地区，此区域风荷载遮挡最少，结构或是建筑受风荷载影响相对最大，相应风压高度变化系数取值相对较大；

2）B 类指田野、乡村、丛林、丘陵以及房屋比较稀疏的乡镇；

3）C 类指有密集建筑群的城市市区；

4）D 类指有密集建筑群且房屋较高的城市市区。

脚手架所在项目地面粗糙度选取，可由计算人员根据项目所在区域进行判断，或是参考项目主体结构计算选取的地面粗糙度选取。

2.3.2 悬挑式脚手架软件参数输入详解

本节对软件计算悬挑式脚手架（图 2–25）设置参数进行详细叙述，第 2.3.1 节已对落地式脚手架各设置参数进行详细说明，本节仅对悬挑式脚手架的特有参数进行详细叙述，相同参数请参考第 2.3.1 节。

悬挑式脚手架设置参数包括钢丝绳不均匀系数、钢丝绳安全系数、悬挑梁悬挑方式、悬挑梁离地高度、悬挑主梁间距、主梁建筑物内锚固长度等，具体介绍如下：

（1）悬挑式脚手架基本参数介绍详见本书第 2.3.1 节，软件参数设置如图 2–26 所示。

（2）悬挑式脚手架连墙件参数介绍详见本书第 2.3.1 节，软件参数设置如图 2–27 所示。

（3）钢丝绳卸荷参数详解：

当搭设高度较高，落地架不满足要求，且不便于使用型钢悬挑的脚手架时，可以采用钢丝绳卸荷的方式。软件【模块选择】中选择【钢丝绳卸荷】，从而切换到钢丝绳卸荷参数选项，如图 2–28 所示。

1）钢丝绳不均匀系数：

依据《建筑施工计算手册》，对其中三种型号的钢丝绳：6 × 19（该型号表示钢丝绳由 6 股钢丝绳组成，每股由 19 根钢丝组成）、6 × 37、6 × 61，钢丝绳不均匀系数建议取值分别为 0.85、0.82、0.8。钢丝绳的不均匀系数采用一个小于 1 的折减系数，考虑多根钢丝绳受力不均匀因素。

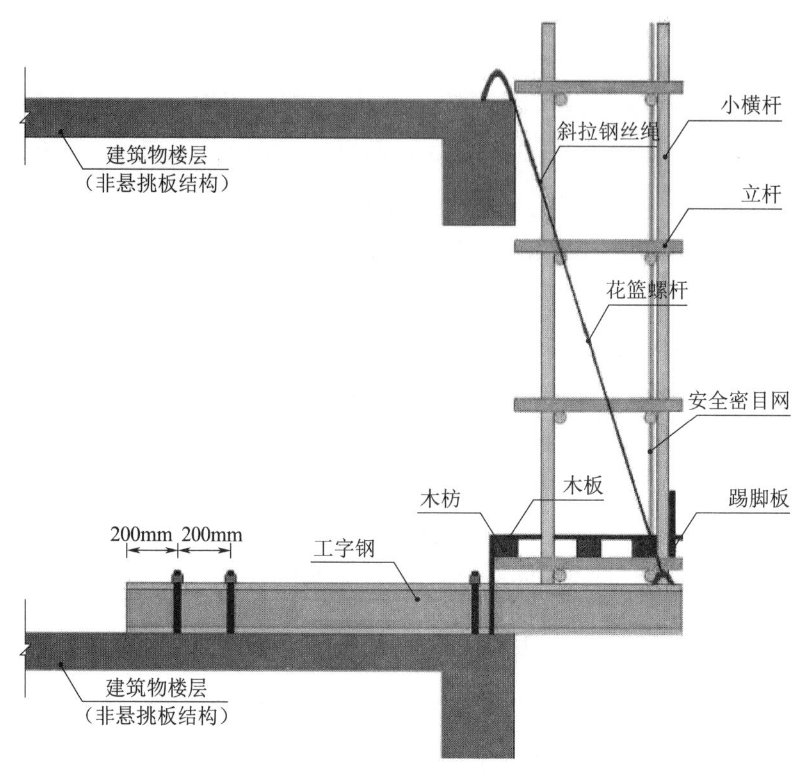

图 2-25　悬挑式脚手架布置示意图

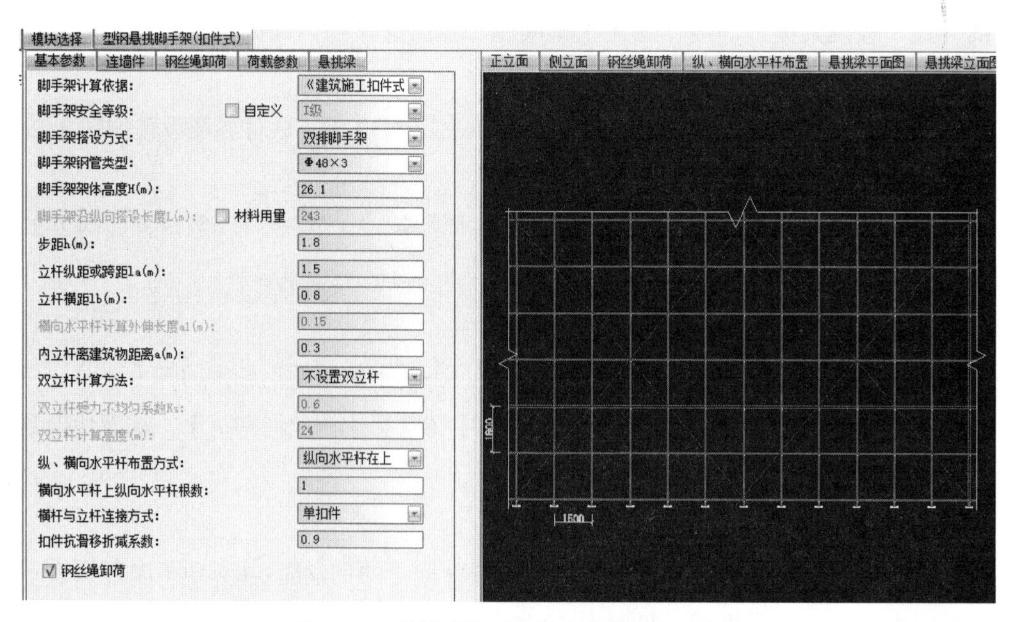

图 2-26　悬挑式脚手架基本参数设置界面

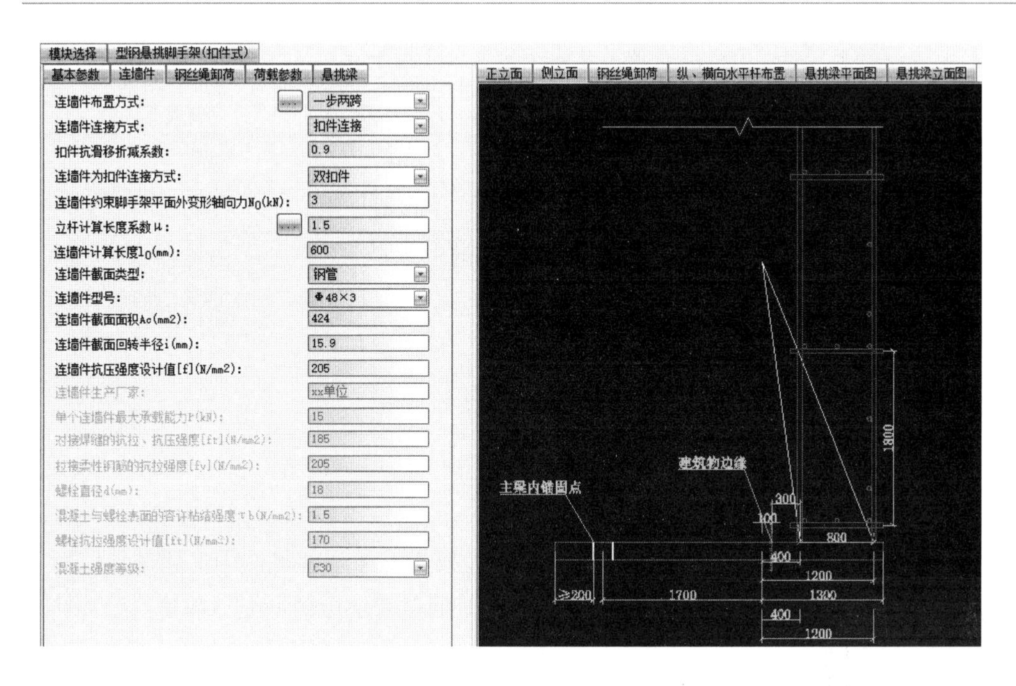

图 2-27 悬挑式脚手架连墙件参数设置界面

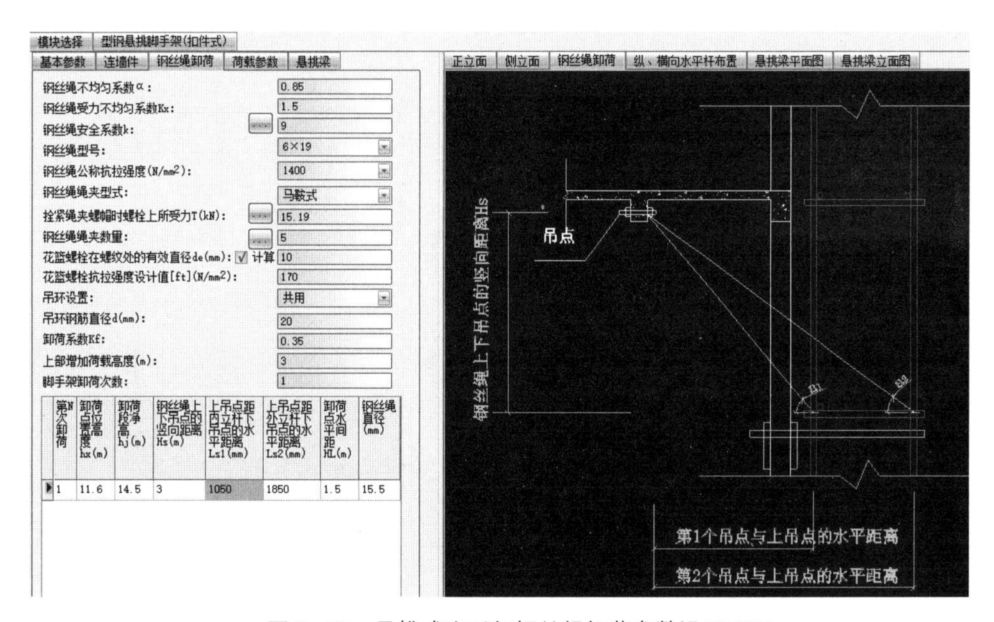

图 2-28 悬挑式脚手架钢丝绳卸荷参数设置界面

2）钢丝绳安全系数：

钢丝绳安全系数是指钢丝绳内所有钢丝拉断力之和与钢绳最大静负荷之比，根据钢丝绳受力的大小，按照钢丝绳许用拉力选择合适的直径，钢丝绳安全系数的选取可参照表 2-11。

表 2–11　钢丝绳安全系数

钢丝绳用途		安全系数值 K_s
缆风绳及拖拉绳		3.5
作用于滑车的	手动的	4.5
	机动的	≥ 6
作吊索	无绕曲时	≥ 6
	有绕曲时	≥ 8
作地锚绳		5 ～ 6
作捆绑吊索		8 ～ 10
用作载人升降机		14

3）上部增加荷载高度：实际工程中，安装钢丝绳卸载时，脚手架架体已经比卸荷点多搭设了一定的高度，此处上部增加荷载高度是指钢丝绳下部吊点距离脚手架最上端搭设位置的距离，计算人员根据项目实际情况填写。

4）脚手架卸荷次数：脚手架搭设完成后，拟采用的钢丝绳卸荷次数。

5）钢丝绳上下吊点的竖向距离（图 2–29）：指钢丝绳在建筑物上的锚固点到它捆绑的下面脚手架横杆的竖向距离。

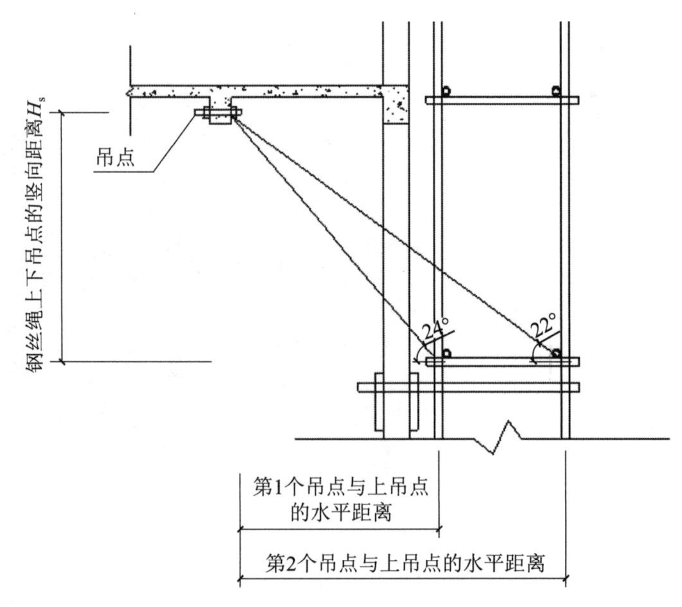

图 2–29　脚手架钢丝绳设置示意图

6）卸荷点位置高度：第一次卸荷位置高度为 10m，是指第一个卸荷点（脚手架上最下面的一个捆绑钢丝绳的位置）到脚手架落地面（脚手架最低点）的距离。

第二次卸荷位置高度为 15m，是指第二个卸荷点到脚手架落地面 15m，即净高度为 5m。依此类推。

（4）脚手架荷载参数（图 2-30）：施工荷载、脚手架自重荷载、风荷载参数详解见第 2.1.3 节。

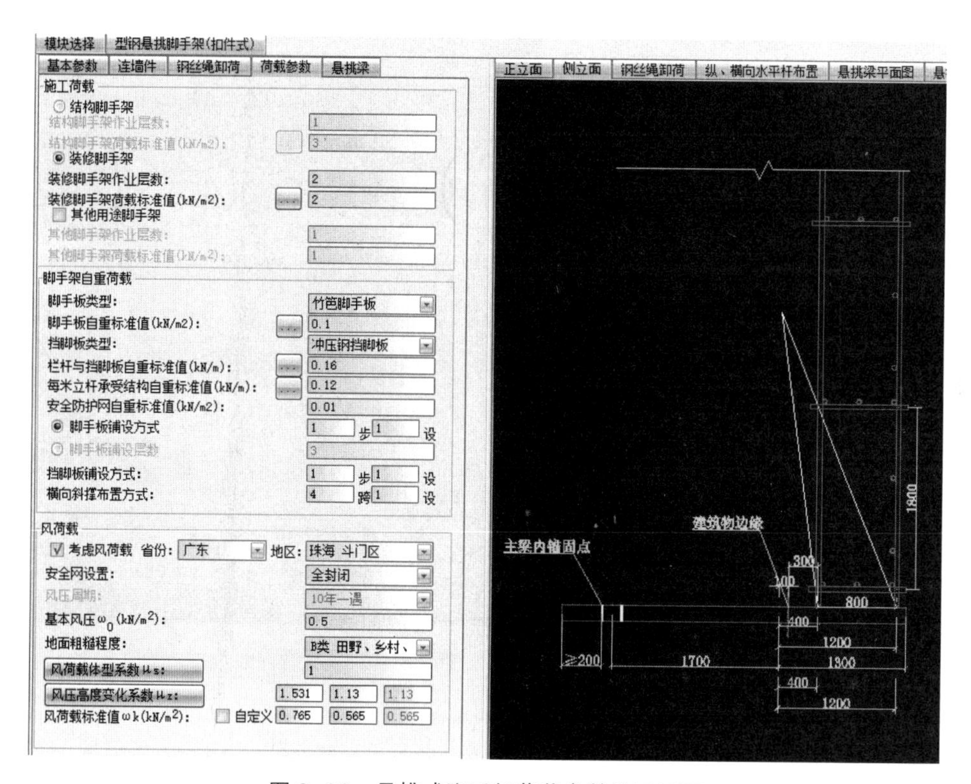

图 2-30　悬挑式脚手架荷载参数设置界面

（5）悬挑梁参数详解（图 2-31 ～图 2-33）：

1）悬挑方式：

软件给出两种悬挑梁悬挑方式：普通主梁悬挑及联梁悬挑，两种方式布置分别如图 2-34、图 2-35 所示。其中普通主梁悬挑是指脚手架立杆直接支承于钢梁之上，脚手架竖向荷载直接传递至悬挑钢梁，传力更直接。同时节约与悬挑梁相交构件，仅需要提供一种型钢，施工相对更加便利。

联梁悬挑是指脚手架立杆支承于悬挑梁和与其垂直的钢梁之上，支撑构件由双向垂直构件组成，共同受力，整体性更好。

项目根据脚手架实际情况选择合适的悬挑方式。

2）主梁离地高度：指悬挑梁距离地面高度。计算时根据脚手架实际搭设情况，输入相应数据。

3）主梁间距：

当选择普通主梁悬挑方式时，主梁间距即为脚手架立杆纵距，即外排立杆相邻杆件之间的距离。

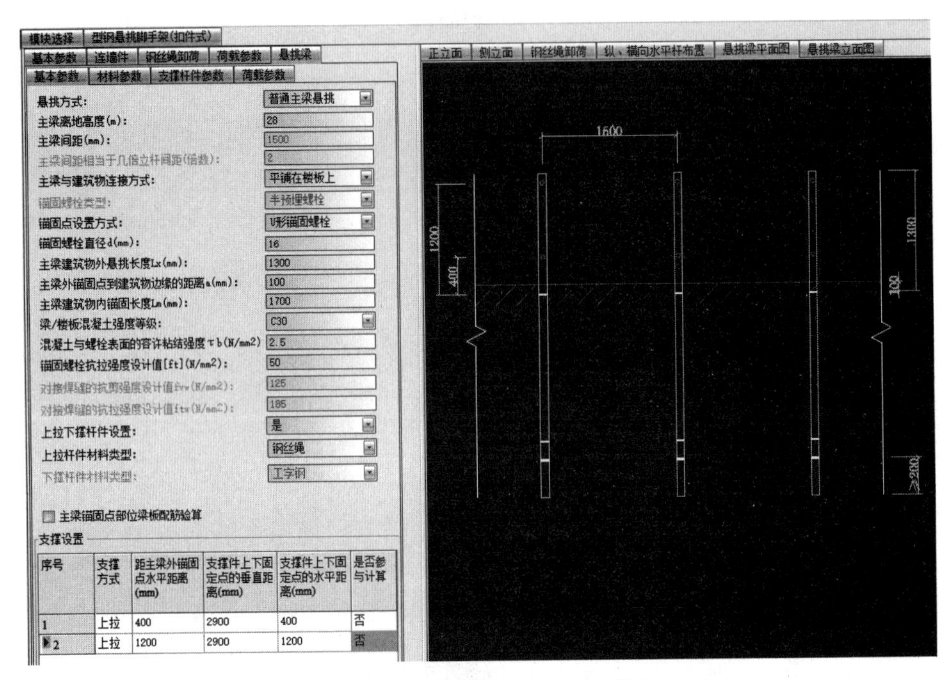

图 2-31　悬挑式脚手架悬挑梁基本参数设置界面

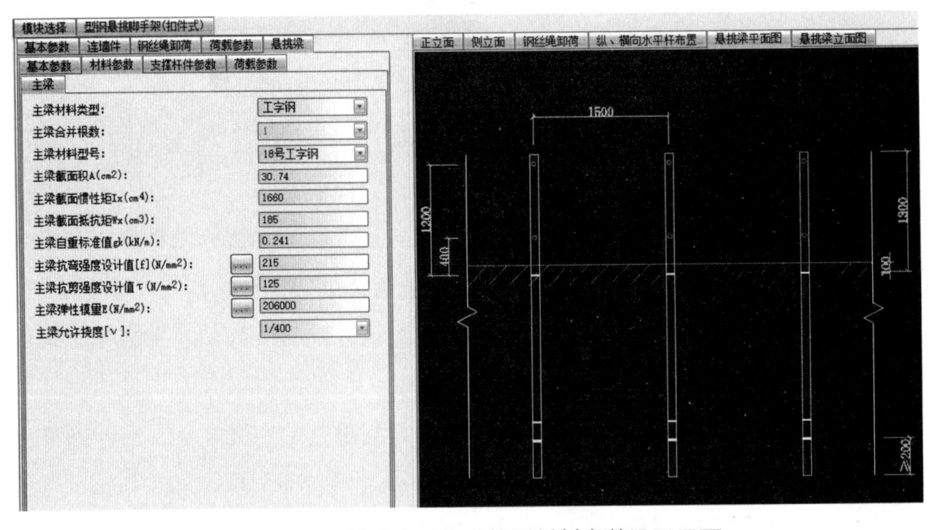

图 2-32　悬挑式脚手架悬挑梁材料参数设置界面

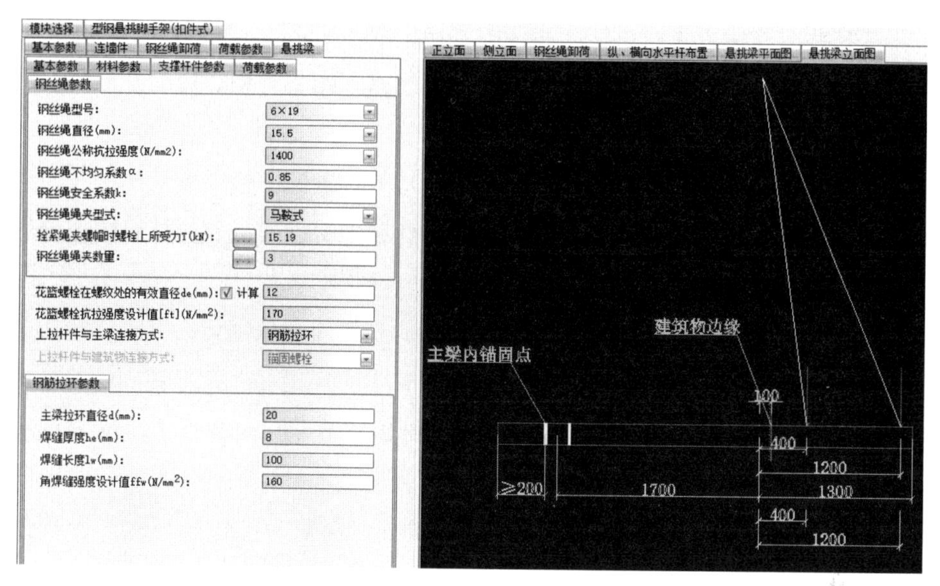

图 2-33 悬挑式脚手架悬挑梁支撑杆件参数设置界面图

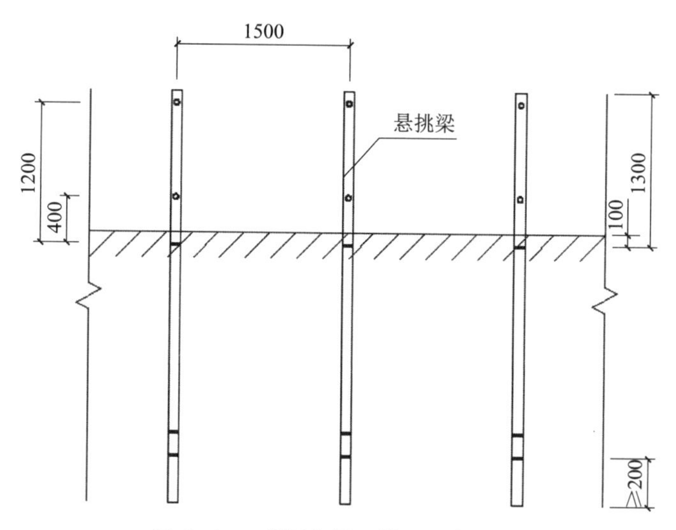

图 2-34 普通主梁悬挑平面布置图

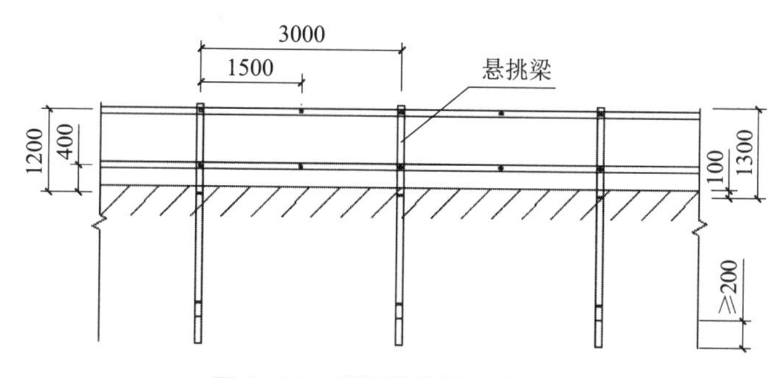

图 2-35 联梁悬挑平面布置图

当选择联梁悬挑方式时，主梁间距取决于主梁之间设置立杆的排数，间距越大，主梁选取的尺寸也越大，主梁设置数量少，现场施工的节点相对较少。

4）主梁与建筑物连接方式：

软件提供 4 种连接方式：焊接、平铺在楼板上、预埋、锚固螺栓连接。焊接是将型钢梁直接焊接在主体结构的预埋钢板上，此种连接方式需要验算对接焊缝的抗拉承载力和抗剪承载力。

平铺在楼板上是使用在楼板上设置锚固点的方式固定悬挑梁，一般设置 3 个锚固点，可简化为 3 个支座约束。锚固点设置方式为压环钢筋、几形锚固螺栓、U 形锚固螺栓，其中 3 种方式设置示意图分别如图 2–36 ～图 2–38 所示。锚固钢筋主要承受拉力，截面拉应力应低于材料允许抗拉强度设计值，锚固钢筋直径一般选择直径 16mm、18mm、20mm，最小直径值为 16mm，同时为防止压环钢筋出现锚固破坏，钢筋的锚固长度应满足国家现行标准要求的受拉钢筋最小锚固长度。

预埋是将型钢梁直接预埋在主体结构中，主体结构未浇筑混凝土前，先将悬挑梁放置于指定位置，然后浇筑混凝土。预埋端相当于悬挑梁的固定端支座，将上部脚手架荷载传递至主体结构。

锚固螺栓连接是指主体结构中提前预埋锚固螺栓和锚板，后期将型钢悬挑梁与锚板连接，现场多数使用焊接方式连接；锚固螺栓类型有半预埋螺栓和穿墙螺栓，根据预埋螺栓主体结构厚度选择是否穿墙。其中穿墙螺栓需做好外墙防水工作，避免给主体永久结构留下漏水隐患。

5）主梁建筑物外悬挑长度：

主梁建筑物外悬挑长度为最外侧锚固点至梁外侧悬挑端的距离，立杆距建筑物的距离需取合适值，既要便于脚手架施工，满足脚手架使用功能，又能适当减少竖向荷载对悬挑梁产生的弯矩，合理选用型钢梁的截面尺寸。

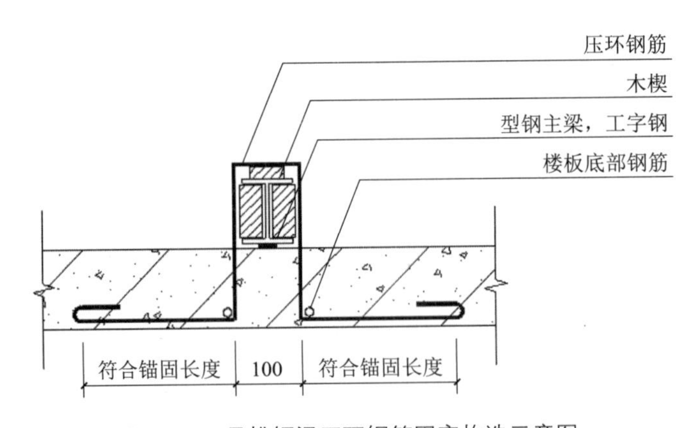

图 2–36 悬挑钢梁压环钢筋固定构造示意图

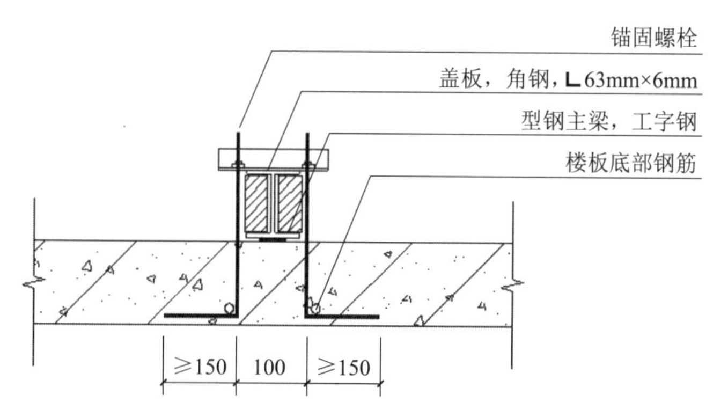

图 2-37 悬挑钢梁几形锚固螺栓固定构造示意图

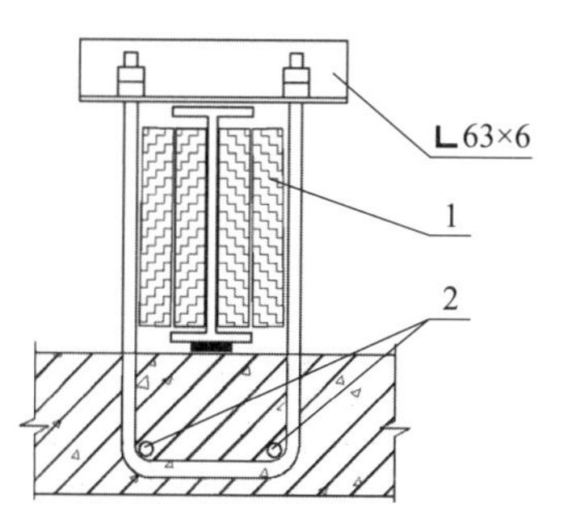

图 2-38 悬挑钢梁 U 形锚固螺栓固定构造示意图

1—木楔侧向楔紧；2—两根 1.5m 长直径 18mm 钢筋

6）主梁建筑物内锚固长度：

此项参数仅适用于悬挑梁平铺在楼板上的形式，悬挑梁的悬挑长度及固定长度宜按设计计算确定，其中固定长度不应少于悬挑长度的 1.25 倍，锚固长度为两端锚固点之间的距离。

7）梁、楼板混凝土强度等级：根据项目结构施工图纸直接输入相应位置处结构主体的混凝土强度。

8）锚固螺栓抗拉强度设计值：根据《混凝土结构设计标准》GB/T 50010，对 HPB300 钢筋，锚固材料应力不应大于 65N/mm^2；对 Q235 圆钢，锚固材料应力不应大于 50N/mm^2。

9）上拉下撑杆件设置：

当均布荷载作用于相同跨度下的型钢梁时，悬挑构件端部最大弯矩值是简支构件跨中最大弯矩值的 4 倍，悬挑构件最大挠度是简支构件跨中最大挠度的 9.6 倍。如要满足构件使用的安全性和适用性，增加上拉下撑的支点，有利于节约型钢材料使用，同时增加使用的安全性，如项目条件允许，建议悬挑式脚手架设置上拉下撑构件。

软件提供多种上拉构件材料，如钢丝绳（图 2–39）、钢筋、工字钢等各种材料，脚手架设计人员根据现场实际情况选择合理材料。支撑设置的具体位置根据脚手架立杆位置及主体结构具体情况设置，再将具体数据输入软件进行试算，直至计算通过。

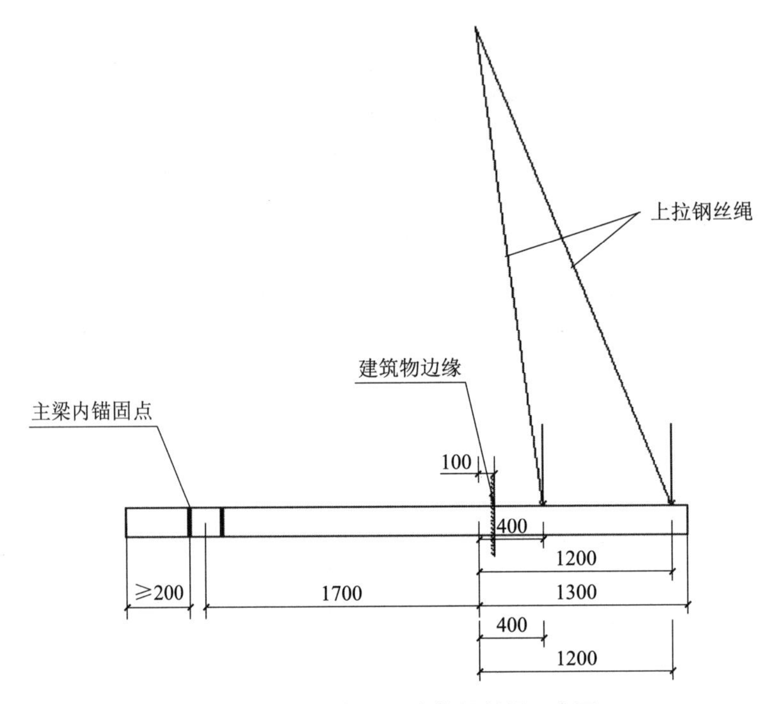

图 2–39 脚手架设置上拉钢丝绳示意图

10）主梁材料参数：

软件提供的材料类型有工字钢和槽钢，型钢悬挑梁宜选用双轴对称型钢，主梁材料型号应根据设计计算确定，软件提供多种型号选择。

计算人员可以根据上部脚手架架体搭设高度及施工荷载，可以先手动简要核算荷载，考虑悬挑梁为受弯构件，选定悬挑钢梁的尺寸；进行多次试算，最终选择经济安全的钢梁尺寸。

2.4 作业脚手架设计实例一

2.4.1 工程概况

某产业园（图 2–40 ～图 2–42），某楼栋整体呈方正矩形，总长度 78.5m，总宽度 37.1m，柱心距 10.5m × 8.7m，首层层高 7.99m，标准层层高 6m，屋面层层高 5.35m，屋面高度 49.34m，总建筑高度 53.64m。

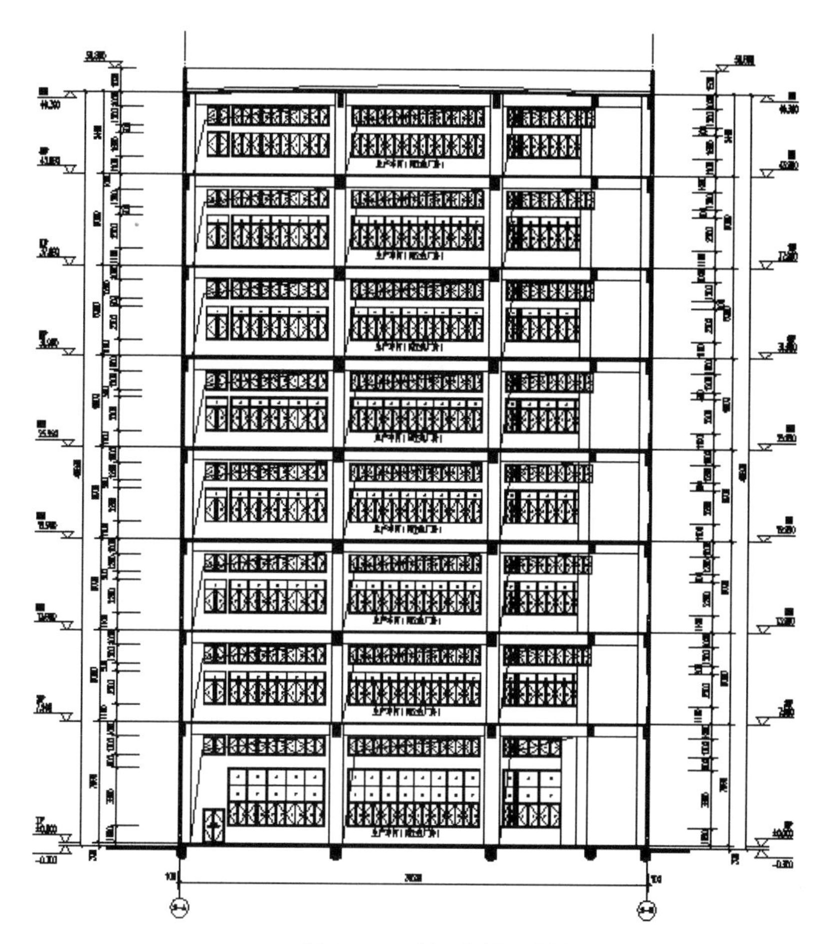

图 2-40　项目立面示意图

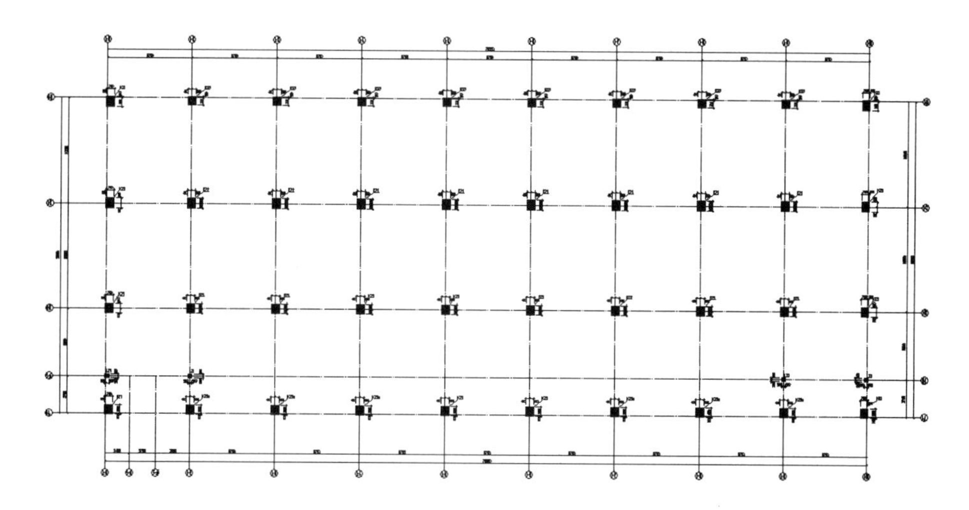

图 2-41　项目竖向构件平面布置示意图

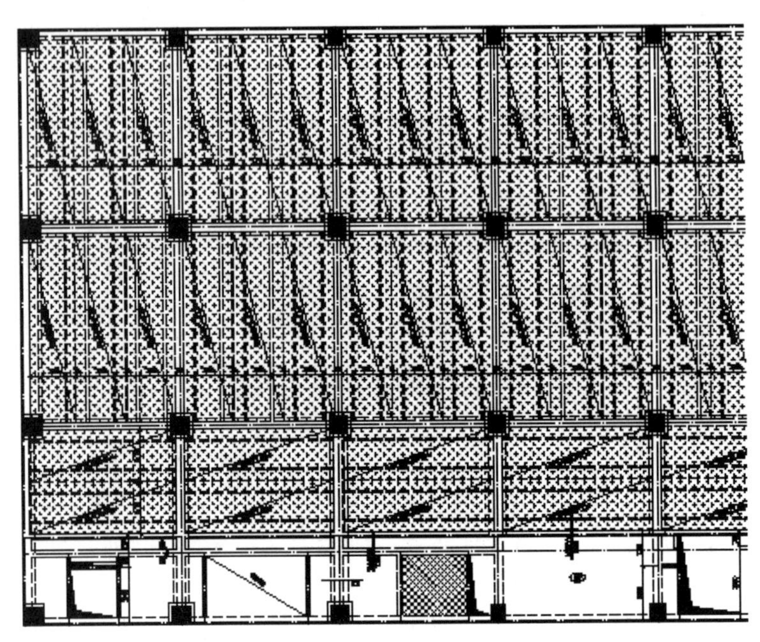

图 2-42　项目双 T 板平面布置示意图

2.4.2　设计思路

该楼栋采用装配式工艺，框架柱竖向构件为现浇，其余部位框架梁采用预制叠合梁，板采用预制预应力双 T 板等装配式构件，内外墙采用普通砌筑抹灰。对于该楼栋的外防护架设计而言，存在两个问题：（1）外架搭设总高度较高，如采用落地式脚手架，属于超过一定规模的危险性较大的分部分项工程（简称“超危大工程”），需要专家论证；如采用悬挑式脚手架，悬挑型钢用量极大，且梁板为预制叠合构件，预埋不便。（2）层高较高，柱间距较大，无法满足连墙件设置要求。（3）框架柱施工时，架体自由高度高达 7.5m，稳定性较差。

针对以上三个问题，经过比选并确定相应措施：（1）做落地式脚手架，并经专家论证。（2）适当减小立杆纵距、增强抱柱措施、向室内增加抛撑，合理减小计算迎风面积。（3）在叠合梁上预埋钢筋弯头，从外架增设向室内拉结抛撑。

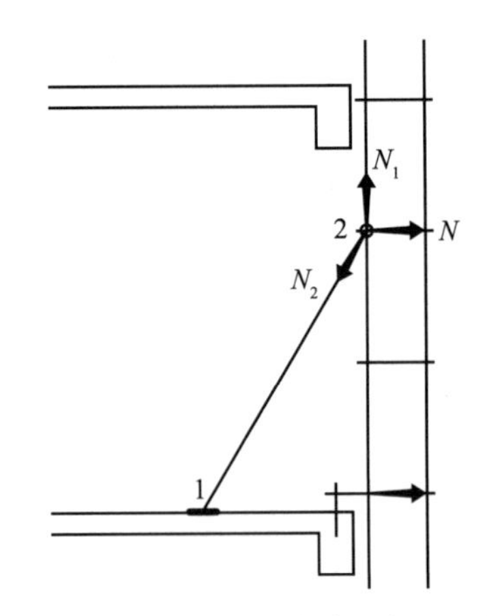

图 2-43　作业脚手架连墙件布置示意图

计算思路（图 2-43）：

（1）首先使用品茗按常规脚手架进行

计算,确定连墙件的布置方式,如两步两跨,并从其中提取出连墙件承受的轴向力N。

（2）按力的分解定理，将连墙件的轴力分解为内拉杆的轴力，并另外计算内拉杆的拉压强度及稳定性即可。

（3）节点 1，可以先预埋钢板，内拉杆可以与其焊接连接；节点 2，可以用旋转扣件连接；根据内立杆轴力，计算焊缝强度及复核旋转扣件的抗滑移能力。

2.5 作业脚手架设计实例二

2.5.1 工程概况

某 139.5m 超高层住宅项目，住宅塔楼采用部分框支剪力墙结构体系，地下 2 层，地上 38 层。外立面融入飞机机翼流线造型，整体东西向采用不对称的设计效果。

西（图 2-44 左）、东（图 2-44 右）两侧外框梁从 6 层开始至构架顶层，分别逐层外扩至 18 层、12 层后内收，外框梁与外墙间结构洞口随造型变化先扩大后减小，洞口最大跨度 6m，最小 3.5m，立面图、平面图变化如图 2-44 所示，现对各层外框梁与外墙间结构洞口作业脚手架进行验算。

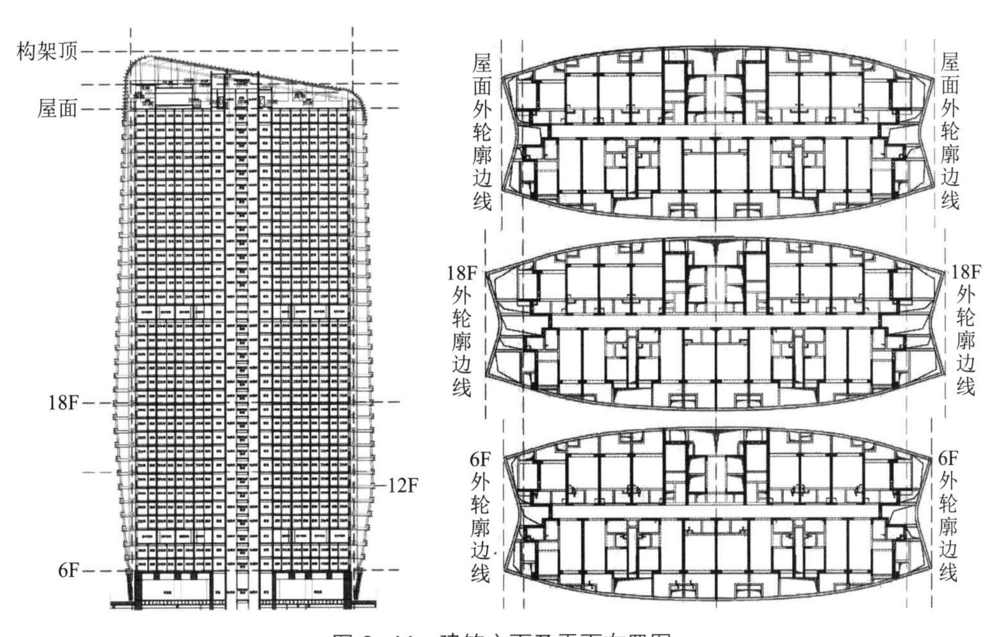

图 2-44 建筑立面及平面布置图

2.5.2 难点分析

（1）平面、立面形状变化大。6层～构架顶层除南北两侧外框梁边线无变化外，东西两侧外框梁先外扩后内收，与外墙间洞口随结构变化。

（2）梁造型复杂。南北两侧弧形外框梁中部外扩，两端内收；东西两侧弧形外框梁与南北相反，中部内收，两端外扩。

2.5.3 设计思路

1. 确定施工方案

根据现场实际工况，分别从方案可行性、经济性、安全性、施工效率等方面进行优缺点对比分析（表2–12）。

表2–12 作业脚手架支设施工方案对比

方案	内容	优点	缺点
方案一	采用附着式升降脚手架	施工及拆除便捷、效率较高、安全可靠、安全文明施工形象好	由于立面造型变化大，结构逐层外扩时无法使用电动葫芦升降爬架，需要使用液压升降爬架，造价高
方案二	采用悬挑式脚手架	灵活性强、解决外立面逐层外扩问题	效率较低、危险性较大、搭设及拆除困难、文明施工形象差
方案三	采用落地式脚手架 + 悬挑式脚手架	灵活性强、解决外立面逐层外扩问题	效率较低、危险性较大、搭设及拆除困难、文明施工形象差
方案四	采用落地式脚手架 + 悬挑式脚手架 + 搁置主梁式脚手架 + 附着式升降脚手架	外立面防护完整安全可靠、同时解决外立面逐层外扩问题、安全文明施工形象好	效率较低、危险性较大、成本略高

通过方案对比，选定方案四施工，即：

南北两侧。立面无变化，从6层开始使用爬架。

西侧。（1）外框梁外侧：5～14层采用多排落地架、15～21层采用型钢悬挑架、22～构架顶层采用爬架；（2）外框梁与外墙空洞：6～10层采用落地架、11～构架顶层采用型钢搁置主梁式悬挑架，其中15～18层采用型钢搁置主梁+型钢悬挑组合悬挑式脚手架。

东侧。（1）外框梁外侧：5～16层采用多排落地架、17～构架顶层采用爬架；（2）外框梁与外墙空洞：6～10层采用落地架、11～构架顶层采用悬挑式（搁置主梁）脚手架。

现选取西侧 15 ～ 18 层型钢搁置主梁 + 型钢悬挑组合悬挑式脚手架验算。

2. 架体计算

（1）悬挑式脚手架：型钢悬挑脚手架（扣件式）计算

根据结构立面图、结构平面图提取架体搭设高度、悬挑长度等信息，按最不利工况，根据经验选择工字钢型号及间距、立杆纵横间距等参数，步距按 1.8m 设置。

（2）悬挑式脚手架：搁置主梁计算

按洞口尺寸大概排布立杆间距，按最不利工况选取最大洞口悬挑主梁进行验算，步距按 1.8m 设置。

计算中可能遇到以下几种不通过的情形：

问题 1：主梁（工字钢）抗剪、整体稳定性验算不通过，计算书如下：

1）抗剪验算（图 2–45）：

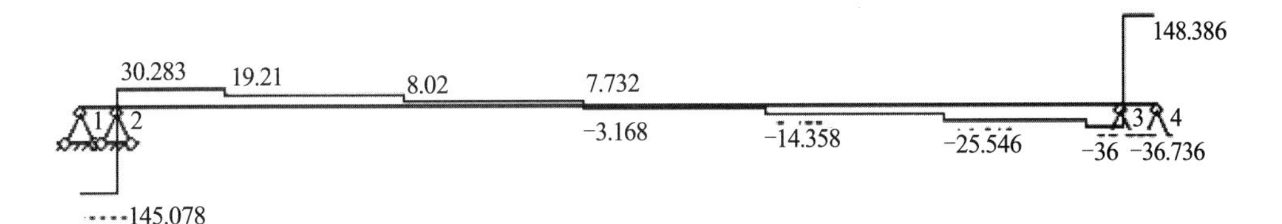

图 2–45 主梁剪力图

$$\tau_{max}=\frac{VS}{It_w}\leqslant f_v \qquad (2\text{–}2)$$

$$\tau_{max}=145.24\text{N/mm}^2>125\text{N/mm}^2$$

式中 V——计算截面沿腹板平面作用的剪力设计值，本次试算中取 148.386kN；

S——计算剪应力处以上（或以下）毛截面对中和轴的面积矩（mm^3）；

I——构件的毛截面惯性矩（mm^4）；

t_w——构件腹板厚度；

f_v——钢材的抗剪强度设计值（N/mm^2）。

抗剪验算中，最大剪应力值大于材料抗剪强度设计值，强度验算不满足要求，需对主梁截面进行调整。

2）主梁整体稳定性验算：

$$\frac{M_{max}}{\varphi_b W_x f}\leqslant 1.0 \qquad (2\text{–}3)$$

$$\frac{29.682\times10^6}{0.718\times185\times215\times10^3}=1.04>1.0$$

式中　　φ_b——梁的整体稳定系数；

M_{max}——绕强轴作用的最大弯矩设计值。

主梁整体稳定性验算不满足要求。

调整建议：根据计算结果适当减小主梁间距，或更换更大的主梁，如间距由1.5m调整为1.2m，工字钢由18调整为20a。

3. 绘制架体立面及平面布置图（图2–46）

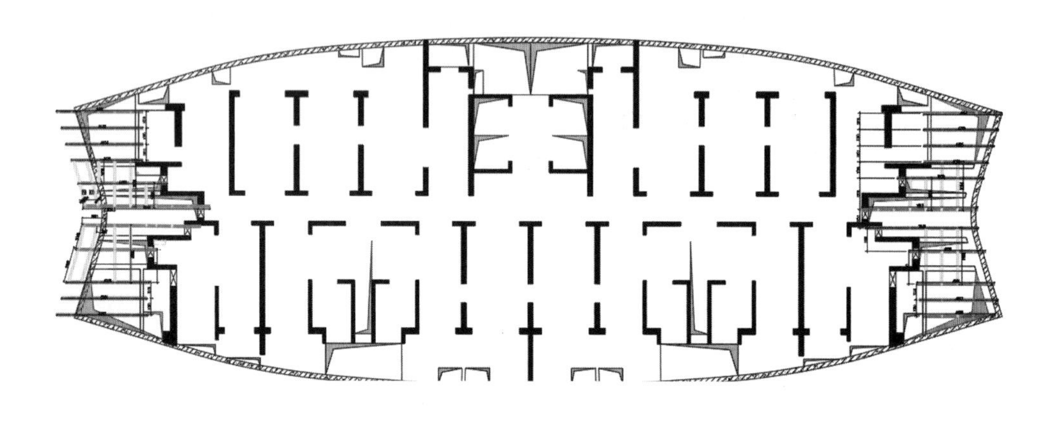

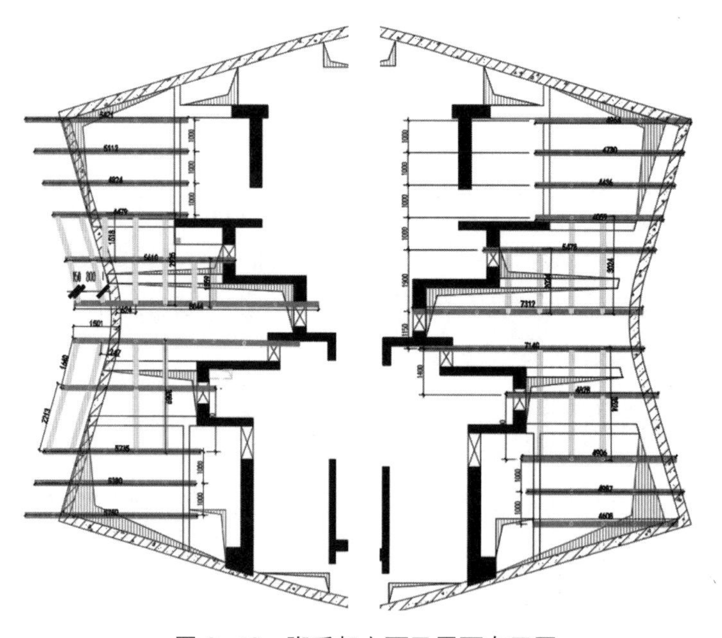

图2–46　脚手架立面及平面布置图

4. 现场施工照片（图 2–47）

图 2–47 现场施工照片

3
模板支撑架安全计算

近年来，国家基础性设施不断发展，涌现出众多高架道路和高架桥，大跨空间结构越来越多，这些工程都离不开模板支撑架。然而结构在施工期完整性不够、荷载突变明显、结构抗力也可能随时间改变，加上人为错误带来的影响，这些因素都造成结构在施工期的风险很高，失效概率比较大。有关研究表明，在施工阶段，建筑工程坍塌事故发生的概率远远高于使用阶段，其中美国建筑工程事故有57%发生在施工建造期间；在俄罗斯，事故发生在施工期间的概率为70%。

施工过程中临时结构坍塌的事故不胜枚举，这些事故中扣件式钢管脚手架和模板支撑架坍塌占有很大的比重。在混凝土结构尚未浇筑完成时，一旦发生倒塌，便会带来严重的人员伤亡，给国家和社会造成损失，所以，建筑模板支撑架安全计算尤为重要，必须确保支撑架安全计算及安全使用。

3.1 模板支撑架概要

扣件式钢管满堂支撑架包括扣件式钢管满堂支撑架和扣件式钢管满堂脚手架两类。支撑架中荷载作用于顶托，由顶托传给立杆；脚手架中荷载作用于顶层传力水平杆，通过顶层传力水平杆与立杆间的扣件连接传递给立杆。

其中模板支撑架是一种临时的支撑系统，是必不可少的施工设施之一。一般架设在正在建造的建筑物中，主要是方便施工作业人员施工，以及在堆放建筑材料和混凝土浇筑过程中支撑模板。其中扣件式钢管满堂支撑架是指在纵、横方向，由不少于三排立杆并与水平杆、水平剪刀撑、竖向剪刀撑、扣件等构成的支撑脚手架。该架体顶部的钢结构安装等（同类工程）施工荷载通过可调托撑轴心传力给立杆，顶部立杆呈轴心受压状态，简称满堂支撑脚手架或满堂支撑架。

3.1.1 模板支撑架分类

由于施工现场条件的多变性，高大模板支撑类型的选择有很多种，其中包括扣件式、碗扣式、承插型盘扣式以及门式钢管模板支撑架。目前我国建筑行业常用的模板支撑架仍然以扣件式钢管架为主，大约占建筑市场的70%。下面对各种支撑架进行简单的介绍。

1. 扣件式模板支撑

目前扣件式模板支撑是我国使用最广泛的类型,该类型的支撑体系承载力较大、装拆方便，但是这种支撑体系存在扣件容易丢失、安全性较差、材料消耗量大等缺点，且市场上流行的钢管大多为劣质钢管，导致施工存在严重的安全隐患。另外，扣件式模板支撑立杆与水平杆相接处为偏心连接，依靠扣件的抗滑移能力承受和传递荷载，因此扣件式节点的连接质量受扣件质量和现场施工人员技术能力的影响较大。扣件式模板支撑架如图 3-1 所示。

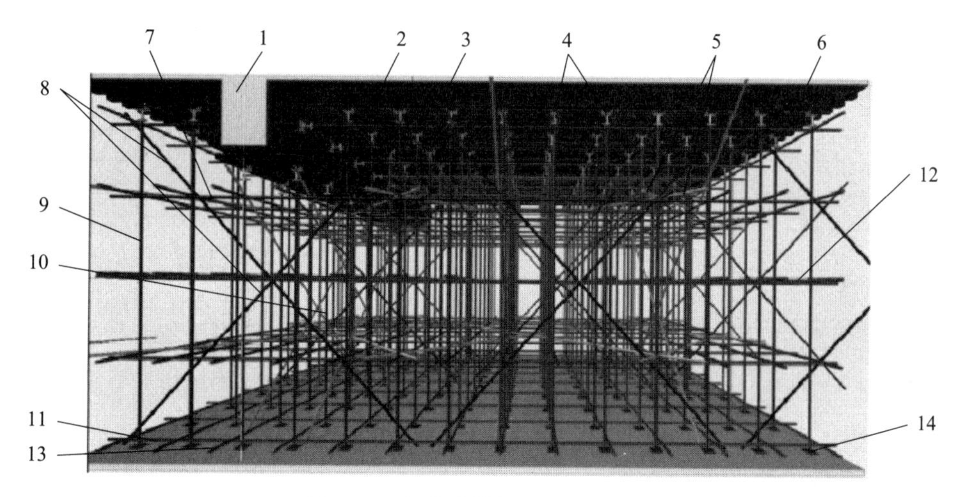

图 3-1 扣件式模板支撑架示意图

1—现浇混凝土梁；2—现浇混凝土板；3—主梁；4—可调支座；5—水平剪刀撑；6—次梁；7—横向水平杆；8—竖向剪刀撑；9—外立杆；10—内立杆；11—纵向扫地杆；12—纵向水平杆；13—横向扫地杆；14—可调底座

2. 碗扣式模板支撑

碗扣式模板支撑从英国引进，其立杆接头处是同轴心承插式相接，水平杆与立杆依靠碗扣接头连接，碗扣式模板支撑的优点主要有：碗扣节点较强的抗弯、抗剪、抗扭力学性能，碗扣存在自锁能力，且配件不易丢失。节点结构合理，承载能力大，立杆、横杆轴心线交于一点，没有偏心问题，使用安全可靠接头处的碗扣螺旋摩擦力可防止横杆接头脱出。碗扣式钢管脚手架的构配件轻便、牢固，零散的连接件可堆放整齐，不易丢失。

但是，碗扣式模板支撑存在部分缺点：碗扣式支撑架的钢管是统一生产的，不能布置斜向杆件，如果用于高模板支撑，则必须通过扣件钢管设置剪刀撑，增强支撑的抗侧刚度以保证整体稳定。构件尺寸灵活性差，主要构配件的基本参数仅有几种固定规格，比如立杆上碗扣的间距为 0.6m 的倍数，横杆的长度为 0.3m 的倍数等，因此，在体系结构的设计和搭设上不够灵活，不利于施工。该支撑体系价格较贵，成本费用高，在一般工程中很难推广应用。碗扣式模板支撑架如图 3-2 所示。

图 3-2 碗扣式模板支撑架示意图

3. 承插型盘扣式模板支撑

承插型盘扣式模板支撑是一种高度灵活的多功能、多方向脚手架，以立杆为基础，在立杆上每 0.5m 安装一个承插盘，通过插销可将水平杆牢固地固定在圆盘上，如图 3-3、图 3-4 所示。

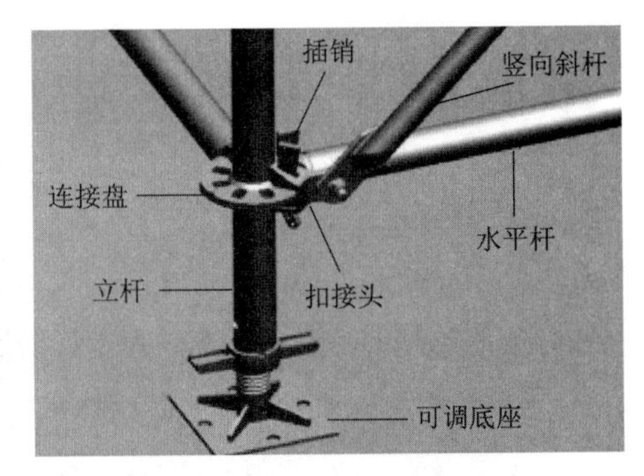

图 3-3 承插型盘扣式模板支撑架示意图

图 3-4 承插型盘扣式模板支撑架固定底座（左）、可调底托（右）示意图

承插型盘扣式模板支撑优点主要如下：具有多变性，通过盘扣盘节点连接可以组合出多种架体形式，以满足各种工况的需要；连接盘安全可靠，具有自锁能力，操作简单，装卸方便；承载能力强，连接盘具有较大的轴向抗剪性能，由于在节点相交的杆件轴线相交于一点，故该类型的架体具有较强的整体稳定性；构件系列标准化、规范化，无易丢配件。另外，承插型盘扣式模板支撑具有以下缺点：配件尺寸固定，搭设缺乏随意性，对搭设现场施工人员技术要求较高。

4. 门式钢管模板支撑架

门式钢管模板支撑架由门架、连接棒、交叉支撑、水平架、水平加固杆、剪刀撑、封口杆、托座与底座等部分组成，也称为鹰架或者龙门架，如图 3-5 所示。门式支撑架于 20 世纪 50 年代诞生于美国，后来在欧洲和日本流行起来。该支撑架具有搭拆方便简单、稳定承载力高、使用安全可靠等优点。同时也存在明显的不足，模数的限制导致该形式的支撑架通用性较差。

图 3-5 门式钢管模板支撑架示意图

3.1.2 模板支撑架构件组成

为了建筑施工临时搭设的，能够承受一定荷载的，通过扣件和钢管等所组成的支撑体系称为扣件式钢管脚手架。满堂扣件式高大模板支撑体系，该体系钢管支撑架是由不少于三排立杆、竖向剪刀撑、水平剪刀撑、扣件（扣件主要有三种产品：对接扣件、直角扣件、旋转扣件）等构成的承载力支架。该支架通过可灵活调节的顶托撑轴心来给立杆传力，达到给架体顶部施加施工荷载，顶部立杆处于轴心受压的状态。其各构成构件如图 3–6 所示。

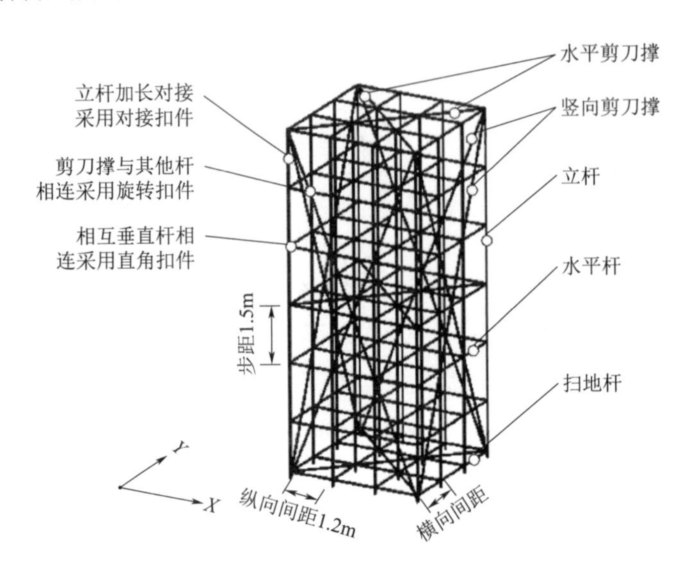

图 3–6 扣件式模板支撑架构件组成示意图

扣件式支撑架体系是由钢管通过扣件连接而成的受力架体，该体系主要组成构件类型如下：

（1）立杆：支撑架体系中垂直于水平杆件的竖向杆件，是支撑架中的主要受力杆件。其作用是将支撑架上部的荷载，通过底座（或垫座）传递到地基上。

（2）水平杆：支撑架中的水平杆件，水平杆又可分为纵向水平杆（沿架体长度方向设置的水平杆）和横向水平杆（沿架体宽度方向设置的水平杆）。其作用是将立杆连成整体，形成架体。

（3）剪刀撑：在支撑架中竖向或者水平向设置的交叉杆件，分为水平剪刀撑和竖向剪刀撑两类。

（4）可调支托及伸出顶层水平杆悬臂高度：可调支座作为主梁的支撑点，具有可调节脚手架的高度、平衡支撑模板的作用，不同类型支模架体具体要求如下：

1）扣件式钢管支模架：支架顶层水平杆至可调托撑托板顶面的距离不应大于 500mm，可调托撑螺杆伸出长度不宜超过 300mm，插入立杆内长度不得小于 150mm，如图 3–7 所示。

2）套扣式钢管支模架：支架顶层水平杆至可调托撑托板顶面的距离不应大于 650mm，可调托撑螺杆伸出长度不宜超过 300mm，插入立杆内长度不得小于

150mm，如图 3-8、图 3-9 所示。

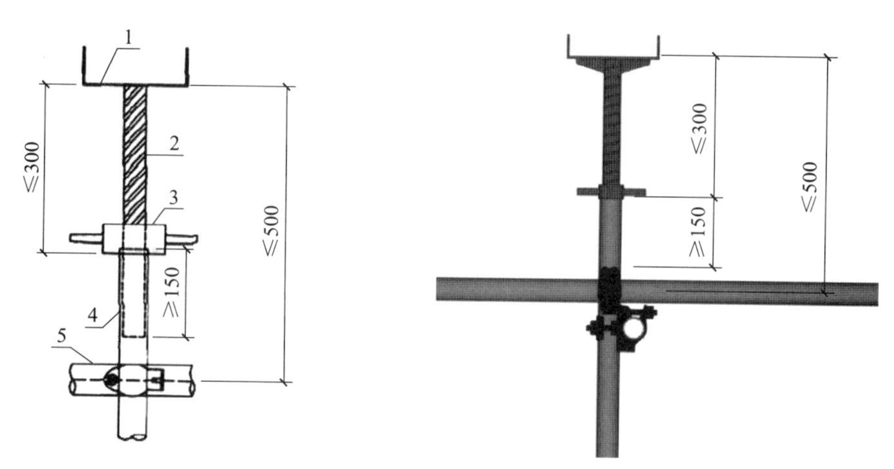

图 3-7 扣件式钢管可调托撑伸出顶层水平杆的悬臂长度

1—可调托撑钢板；2—螺杆；3—调节螺母；4—立杆；5—顶层水平杆

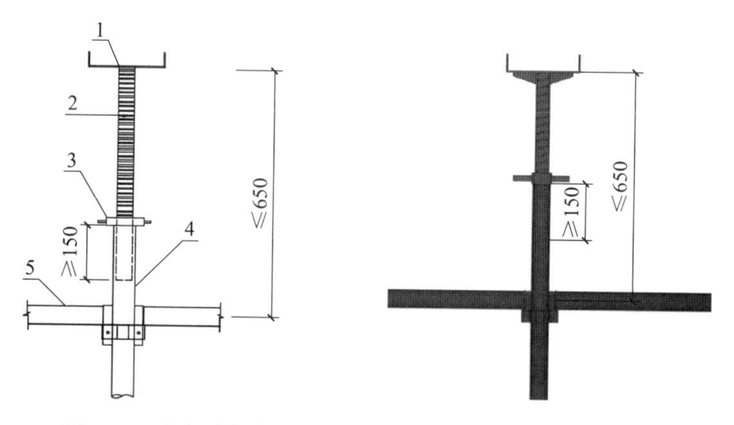

图 3-8 套扣式钢管可调托撑伸出顶层水平杆的悬臂长度

1—可调托撑钢板；2—螺杆；3—调节螺母；4—立杆；5—顶层水平杆

图 3-9 套扣式钢管支模架可调托撑螺杆外露长度

3）轮扣式钢管支模架：支架顶层水平杆至可调托撑托板顶面的距离不应大于650mm，可调托撑螺杆伸出长度不宜超过300mm，插入立杆内长度不得小于200mm，如图3-10所示。

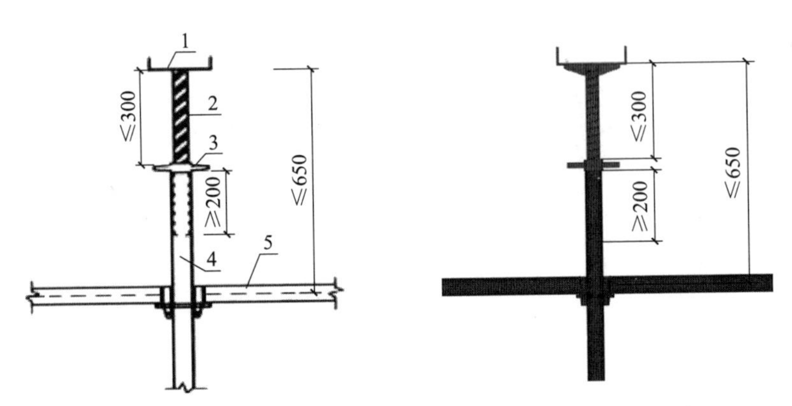

图3-10 轮扣式钢管可调托撑伸出顶层水平杆的悬臂长度

1—可调托撑钢板；2—螺杆；3—调节螺母；4—立杆；5—顶层水平杆

4）盘扣式钢管支模架：支架顶层水平杆至可调托撑托板顶面的距离不应大于650mm，可调托撑螺杆伸出长度不宜超过300mm，插入立杆内长度不得小于150mm，如图3-11所示。

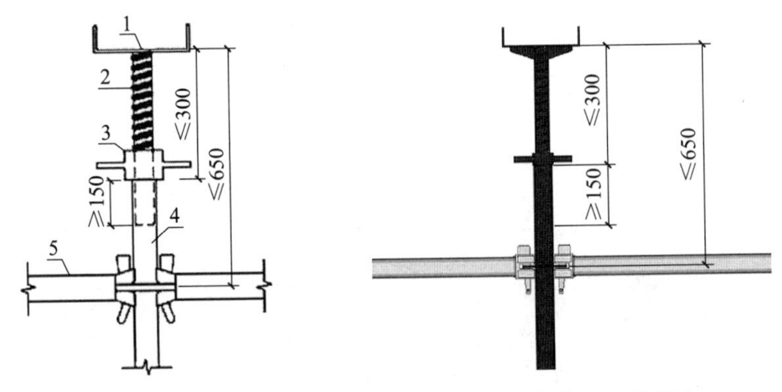

图3-11 盘扣式钢管可调托撑伸出顶层水平杆的悬臂长度

1—可调托撑钢板；2—螺杆；3—调节螺母；4—立杆；5—顶层水平杆

（5）其他：

在支撑架中还有其他一些杆件，如扫地杆。扫地杆是在脚手架底部纵、横向设置并与立杆相连接，主要是增强架体的整体刚度。

本节中模板支撑架部分组成构件与作业脚手架组成构件具有相同的功能，为避免内容重复，本节未进行详细说明，详细内容可参照本书第 2.1.2 节。

3.2 模板支撑架设计基本规定

脚手架是由多个稳定结构单元组成的。对于支撑脚手架，是由按构造要求设置的竖向（纵、横）和水平剪刀撑、斜撑杆及其他加固件将架体分割成若干个相对独立的稳定结构单元，这些相对独立的稳定结构单元牢固连接组成了支撑脚手架。只有当架体是由多个相对独立的稳定结构单元体组成时，才可能保证脚手架是稳定结构体系。脚手架的承力结构件基本上是长细比较大的杆件，其结构件必须是在组成空间稳定的结构体系时才能充分发挥作用。

3.2.1 荷载设计

结构上的作用是指能使结构产生效应（结构或构件的内力、应力、位移、应变及裂缝等）的各种原因的总称。直接作用是指作用在结构上的力集（包括集中力和分布力），习惯上统称为荷载，如永久荷载、活荷载、雪荷载及风荷载等。间接作用是指不是直接以力集的形式出现的作用，如地基变形、混凝土收缩和徐变、焊接变形、温度变化以及地震引起的作用等。模板支撑架荷载设计基本内容如下：

（1）模板支撑脚手架永久荷载应包括下列内容：

1）架体结构自重，包括立杆、水平杆、剪刀撑、可调托撑和构配件等的自重；

2）模板及支撑梁等的自重；

3）作用在模板上的混凝土和钢筋的自重。

（2）模板支撑脚手架可变荷载应包含下列各项：

1）施工荷载，包括施工作业人员、施工设备的自重和浇筑及振捣混凝土时产生的荷载，以及超过浇筑构件厚度的混凝土料堆放荷载；

2）风荷载；

3）其他可变荷载。

（3）支撑脚手架应根据实际情况确定支撑脚手架上的施工荷载标准值，相应于混凝土结构及钢结构安装，支撑脚手架施工荷载标准值取值可参考表 3-1。支撑脚手架施工荷载标准值的取值大小，与施工方法相关。如空间网架或空间桁架结构搭设施工，当采用高空散装法施工时，施工荷载是均匀分布的；当采用地面组拼后分段整体吊装法施工时，分段吊装组拼搭设节点处支撑脚手架所承受的施工荷载是点荷载，应单独计算，并应对支撑脚手架采取局部加强措施。

表 3-1　支撑脚手架施工荷载标准值

类别		施工荷载标准值（kN/m²）
混凝土结构模板支撑脚手架	一般	2.5
	有水平泵管设置	4.0
钢结构安装支撑脚手架	轻钢结构、轻钢空间网架结构	2.0
	普通钢结构	3.0
	重型钢结构	3.5

（4）对于支撑脚手架的设计计算主要是水平杆抗弯强度及连接强度、立杆稳定承载力、架体抗倾覆、立杆地基承载力。理论分析和试验结果表明，在搭设材料、构配件质量合格，架体构造符合脚手架国家现行相关标准的要求，剪刀撑或斜撑杆等加固杆件按要求设置的情况下，上述计算满足安全承载要求，则架体也满足安全承载要求。

（5）规定模板支撑脚手架立杆地基承载力计算时不组合风荷载，是因为在混凝土浇筑前，风荷载对地基承载力不起控制作用，当混凝土浇筑后，风荷载所产生的作用力已通过模板及混凝土构件传给了建筑结构。

（6）支撑脚手架整体稳定只考虑风荷载作用的一种情况，这是因为对于如混凝土模板支撑脚手架，因施工等不可预见因素所产生的水平力与风荷载产生的水平力相比，前者不起控制作用。如果混凝土模板支撑脚手架上安放有混凝土输送泵管，或支撑脚手架上有较大集中水平力作用时，架体整体稳定性应单独计算。

（7）未规定计算的构配件、加固杆件等只要其规格、性能、质量符合脚手架国家现行相关标准的要求，架体搭设时按其性能选用，并按标准规定的构造要求设置，其强度、刚度等性能指标均会满足要求，可不必另行计算。

3.2.2　结构设计

脚手架设计时应根据架体结构、工程概况、搭设部位、使用功能要求、荷载等因素具体确定。同时脚手架的设计计算内容是因架体的结构和构造等因素不同而变化的，在设计计算内容选择时，应具体分析确定。支撑脚手架设计内容一般包括如下内容：

（1）水平杆件抗弯强度、挠度，节点连接强度；

（2）立杆稳定承载力；

（3）架体抗倾覆能力；

（4）地基承载力；

（5）连墙件强度、稳定承载力、连接强度；

（6）缆风绳承载力及连接强度。

模板支撑脚手架应根据施工工况对连续支撑进行设计计算，并应按最不利的工况计算确定支撑层数。在多层和高层混凝土结构房屋建筑工程施工中，上部作业面楼层支设模板、浇筑混凝土等施工时，其对应的下部楼层梁板混凝土结构因受混凝土养护时间、施工荷载、施工环境条件、上部作业面预施工楼层及下部已施工楼层混凝土梁板厚度、结构等因素影响，需对下部支撑模板脚手架的楼板强度、变形进行验算，当下部支撑模板脚手架的楼板强度、变形不满足要求时，应设置连续模板支撑脚手架。在对下部楼层板强度、变形进行验算时，应以下部楼层板混凝土的实际强度为依据，按上部浇筑混凝土楼面新增荷载和最不利工况，分析计算连续多层模板支撑脚手架和混凝土楼面承担的最大荷载效应，确定合理的最少连续支模层数。

3.2.3 构造要求

保障脚手架的稳定承载力，一是靠设计计算，二是靠构造，而且构造具有非常关键的作用。脚手架的架体必须具有完整的构造体系，使架体形成空间稳定的结构，保证脚手架能够安全稳定承载。架体各部分杆件的搭设方法、结构形状及连接方式等必须齐全完整、准确合理；架体杆件的间距、位置等必须符合施工方案设计和国家现行标准的构造要求；架体的结构布置要满足传力明晰、合理的要求；架体的搭设依据施工条件和环境变化，满足安全施工的要求。模板脚手架构造措施应合理、齐全、完整，并应保证架体传力清晰、受力均匀。

（1）支撑脚手架的立杆间距和步距应按设计计算确定，且间距不宜大于1.5m，步距不应大于2.0m，顶层水平杆步距宜作加密处理（如套扣式钢管支模架最大步距为1.8m，则顶层步距为1.2m）。对立杆的间距和架体步距提出限制，是由于支撑脚手架的立杆纵向和横向间距过大时，会明显降低杆端约束作用而使支撑脚手架的承载能力降低。

支撑脚手架独立架体高宽比不应大于3.0，支撑脚手架的高宽比是指其高度与宽度（架体平面尺寸中的短边）的比。支撑脚手架高宽比的大小，对架体的侧向稳定和承载力影响很大，随着架体高宽比的增大，架体的侧向稳定变差，架体的承载力也明显降低。经过试验验证，当高宽比在3.0以下时，架体的承载力没有明显的变化；当高宽比在5.0以上时，架体的承载力出现明显的大幅度下降。

（2）当有既有建筑结构时，支撑脚手架应与既有建筑结构可靠连接，连接点至架体主节点的距离不宜大于300mm，应与水平杆同层设置，并应符合下列规定：连接点竖向间距不宜超过两步，且连接点水平向间距不宜大于8m。

对于各种支撑脚手架，应首选采用连墙件、抱箍等连接方式将架体与既有建筑结构连接，这样可大幅度增强支撑脚手架的侧向稳定。

（3）支撑脚手架应设置竖向剪刀撑，并应符合下列规定：

1）安全等级为Ⅱ级的支撑脚手架应在架体周边、内部纵向和横向每隔不大于9m设置一道；

2）安全等级为Ⅰ级的支撑脚手架应在架体周边、内部纵向和横向每隔不大于6m设置一道；

3）竖向剪刀撑斜杆间的水平距离宜为6～9m，剪刀撑斜杆与水平面的倾角应为45°～60°。

（4）安全等级为Ⅰ级的支撑脚手架顶层两步距范围内，架体的纵向和横向水平杆宜按减小步距加密设置，是为了增强架顶的整体性和约束性，有利于传递作业层上的不均匀荷载。对于安全等级为Ⅰ级的支撑脚手架，特别是模板支撑脚手架，在施加荷载时，架顶立杆受力是不均匀的，架顶水平杆间距加密设置，可提高架体顶部刚度，改善架体受力状况。

（5）当支撑脚手架顶层水平杆承受荷载时，应经计算确定其杆端悬臂长度，并应小于150mm。当支撑脚手架局部所承受的荷载较大，立杆需加密设置时，加密区的水平杆应向非加密区延伸不少于一跨；非加密区立杆的水平间距应与加密区立杆的水平间距互为倍数。

支撑脚手架顶层水平杆常用作模板支撑梁使用，此时水平杆的悬挑长度不宜过长，否则易发生危险。要求支撑脚手架立杆加密区的水平杆向非加密区延伸，是为了保证加密区的稳定。

（6）当支撑脚手架同时满足下列条件时，可不设置竖向、水平剪刀撑：

1）搭设高度小于5m，架体高宽比小于1.5；

2）被支承结构自重面荷载不大于5kN/m^2，线荷载不大于8kN/m；

3）杆件连接节点的转动刚度符合标准要求；

4）架体结构与既有建筑结构应有可靠连接；

5）立杆基础均匀，满足承载力要求。

3.3 模板脚手架电算参数详解

3.3.1 板模板支撑架计算参数详解

第 2.3 节已对作业脚手架各设置参数进行详细说明，本节仅对模板脚手架特有参数进行详细叙述，相同参数请参考第 2.3.1 节及第 2.3.2 节。

1. 板模板（扣件式）基本参数详解（图 3–12）

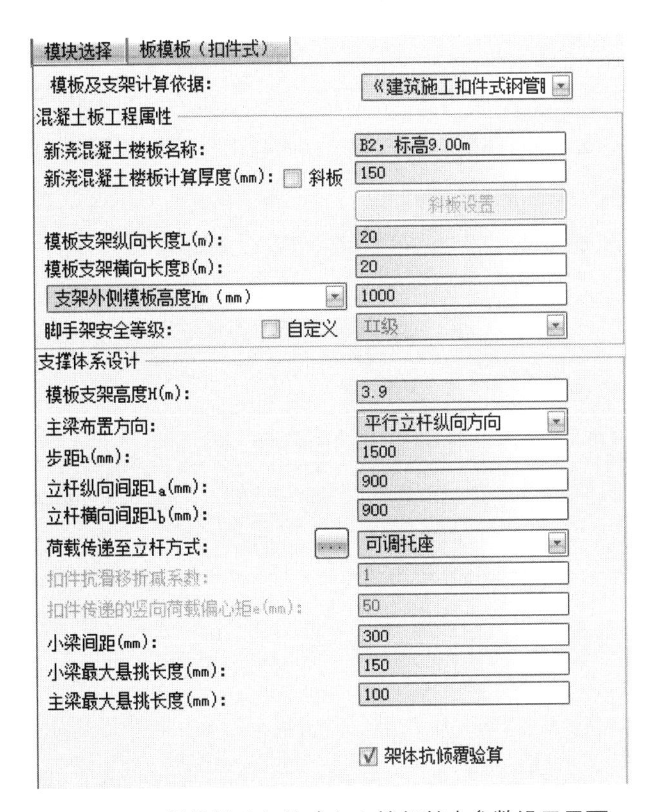

图 3–12 板模板（扣件式）支撑架基本参数设置界面

（1）模板及支架计算依据：

软件提供多项规范：《建筑施工脚手架安全技术统一标准》GB 51210—2016、《建筑施工临时支撑结构技术规范》JGJ 300—2013、《建筑施工扣件式钢管脚手架安全技术标准》T/CECS 699—2020、《建筑施工模板安全技术规范》JGJ 162—2008 等，使用者根据设计支撑脚手架适用条件选择相应规范，建议可采取包络设计，选取其他规范辅助验算。

（2）新浇混凝土楼板计算厚度：板模板支撑架恒荷载主要来源于被支撑的混凝土板，混凝土板厚度可通过施工图纸取得，直接输入即可。

对于存在斜板的情况，如楼梯梯段或是其他需要设置一定角度的混凝土构件，经过查阅图纸信息输入板倾斜角度和混凝土板厚度即可，软件可将混凝土构件自重转化为施加于支撑架的面荷载。

（3）模板支架纵向长度和横向长度：此参数取水平杆相连接的整体模板支架的长和宽，而不是单根梁或者单块板的模板支架的长和宽。模板支架长度和宽度数值主要是用来计算整体支架的高宽比及抗倾覆承载力。如果整体支架是不规则形状，可采取最不利原则，选择长和宽，形成矩形。

（4）支架外侧竖向封闭栏杆高度：此参数是为了计算封闭栏杆所产生的风荷载对架体整体稳定性的影响，距离倾覆点垂直距离越大，产生的倾覆力矩越大。当整体支架外侧设置安全网封闭防护栏杆时，填写防护栏杆高度即可，当没有设置防护栏杆时则取整体支架外侧的梁高。

（5）脚手架安全等级：支撑脚手架安全等级划分如表 3–2 所示。

表 3–2　支撑脚手架安全等级划分

支撑脚手架（用于支撑系统）		安全等级
搭设高度（m）	荷载标准值（kN）	
≤ 8	≤ 15kN/m² 或≤ 20kN/m 或≤ 7kN/ 点	Ⅱ
＞ 8	＞ 15kN/m² 或＞ 20kN/m 或＞ 7kN/ 点	Ⅰ

注：脚手架的搭设高度及荷载中任一项不满足安全等级为Ⅱ级的条件时，其安全等级应划分为Ⅰ级。

（6）模板支架高度：满堂支撑架步板不宜超过 1.8m，立杆间距不宜超过 1.2m × 1.2m。满堂支撑架搭设高度不宜超过 30m。

（7）步距、立杆纵向间距及立杆横向间距参数定义详见本书第 2.3.1 节脚手架立杆参数。

2. 荷载参数（图 3–13、图 3–14）

（1）模板及其支架自重标准值：楼板木模板及定型组合钢模板自重标准值如表 3–3 所示。

（2）钢筋自重标准值：此参数应根据工程设计图确定。对一般梁板结构每立方米钢筋混凝土的钢筋自重标准值：楼板可取 1.1kN/m³；梁可取 1.5kN/m³。

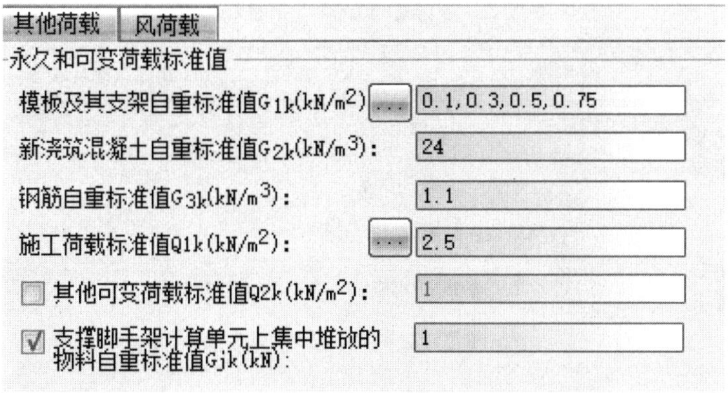

其他荷载　风荷载

永久和可变荷载标准值

模板及其支架自重标准值G1k(kN/m²) ... 0.1,0.3,0.5,0.75

新浇筑混凝土自重标准值G2k(kN/m³): 24

钢筋自重标准值G3k(kN/m³): 1.1

施工荷载标准值Q1k(kN/m²): ... 2.5

☐ 其他可变荷载标准值Q2k(kN/m²): 1

☑ 支撑脚手架计算单元上集中堆放的物料自重标准值Gjk(kN): 1

图 3-13　扣件式模板支撑架荷载参数设置界面

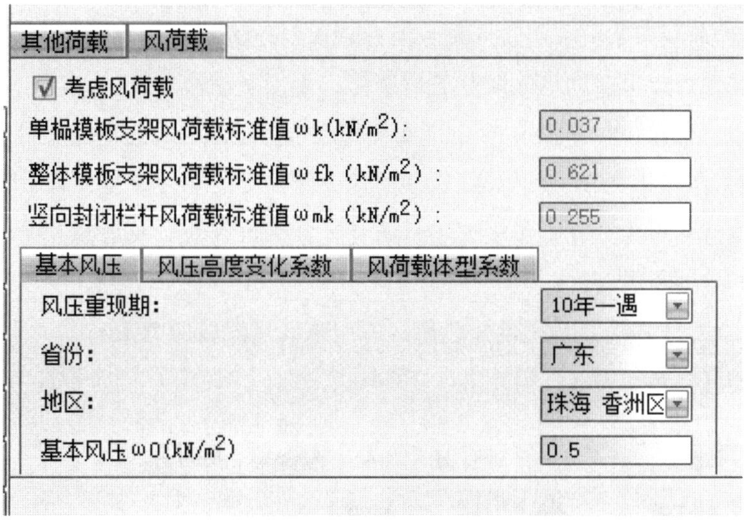

其他荷载　风荷载

☑ 考虑风荷载

单榀模板支架风荷载标准值ωk(kN/m²): 0.037

整体模板支架风荷载标准值ωfk（kN/m²）: 0.621

竖向封闭栏杆风荷载标准值ωmk（kN/m²）: 0.255

基本风压　风压高度变化系数　风荷载体型系数

风压重现期: 10年一遇

省份: 广东

地区: 珠海 香洲区

基本风压ω0(kN/m²) 0.5

图 3-14　扣件式模板支撑架风荷载参数设置界面

表 3-3　楼板模板自重标准值

模板构件的名称	木模板（kN/m²）	定型组合钢模板（kN/m²）
平板的模板及小梁	0.30	0.50
楼板模板（其中包括梁的模板）	0.50	0.75
楼板模板及其支架（楼层高度为 4m 以下）	0.75	1.10

（3）施工荷载标准值取值可参考表 3-4。

表 3-4　支撑脚手架施工荷载标准值

类别		施工荷载标准值（kN/m²）
混凝土结构模板支撑脚手架	一般	2.5
	有水平泵管设置	4.0
钢结构安装支撑脚手架	轻钢结构、轻钢空间网架结构	2.0
	普通钢结构	3.0
	重型钢结构	3.5
其他		≥ 2.0

（4）其他可变荷载：支撑脚手架取各工况最不利组合，设计者充分考虑使用过程中可能存在的各种荷载情况，根据使用荷载实际情况输入。

（5）风荷载参数：仅需输入项目所在省份及地区、风压重现期为 10 年一遇，软件可根据现行规范自动输入风荷载标准值，无须手动输入。

（6）地面粗糙度：软件中给出地面粗糙度选择选项，地面粗糙度可分为 A、B、C、D 四类，本书第 2.3.1 节已详细叙述了地面粗糙度的 4 种分类，脚手架所在项目地面粗糙度选取可由计算人员根据项目所在区域进行判断，或是参考项目主体结构计算选取的地面粗糙度。

（7）支架外侧竖向封闭栏杆风荷载体型系数建议取值为 1.0。

3. 各构件参数（图 3-15）

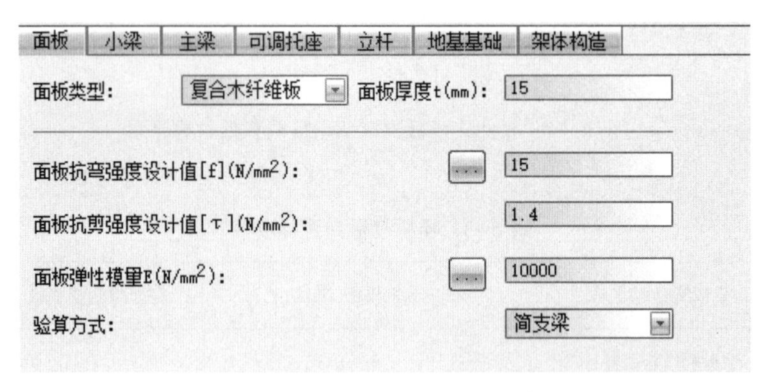

图 3-15　扣件式模板支撑架各组成构件参数设置界面

软件设定的程序对面板、小梁、主梁、可调支座、立杆及地基基础进行验算：

（1）面板取单个跨间的跨度为计算跨度，面板受面荷载简化为取单位宽度面板，以简支梁受荷方式验算，验算面板受弯承载力是否小于承载能力极限状态下荷载基本组合值；验算正常使用状态下，面板在面荷载标准组合值下的挠度值是否小于国家现行标准允许挠度值，国家现行标准给出的扣件式受弯构件的容许挠度值如表 3–5 所示。

表 3–5 扣件式受弯构件的容许挠度值

构件类别	容许挠度值（mm）
脚手板，脚手架纵向、横向水平杆	L/150 与 10 的较小值
脚手架悬挑受弯构件	L/400
型钢悬挑式脚手架悬挑钢梁	L250
模板支架受弯构件	L/400

注：L 为受弯构件的跨度，对于悬挑杆件为其悬挑长度的 2 倍。

（2）小梁承受面板传递的线荷载，同时将荷载传递给主梁，可将小梁简化为连续梁进行计算，验算承载能力极限状态下的抗弯及抗剪承载力；验算正常使用状态下梁受弯产生的挠度值是否小于标准允许值，确保使用安全性。截面尺寸建议按 45mm × 95mm 进行计算。

（3）主梁承担小梁传递的集中荷载，同时将荷载传递给竖向构件可调支座。主梁可简化为连续梁进行计算，验算主梁的受弯、受剪承载力及正常使用状态下产生的挠度值。截面尺寸建议按直径 48.3mm，壁厚 2.6 ～ 2.8mm 进行计算。

（4）可调支座为竖向受力构件，承受上部构件传递的集中荷载，验算构件受压承载力大于荷载设计值即可。建议可调托座内选择双钢管进行计算。

（5）立杆作为模板支撑架竖向受力的关键构件，立杆的安全性决定了架体的安全性。立杆可简化为轴心受压构件进行验算，验算构件的长细比及稳定性承载力是否满足要求。

3.3.2 梁模板支撑架计算参数详解

本节对软件计算梁模板支撑架设置参数进行详解，第 2.3 节已对作业脚手架各设置参数进行详细说明，第 3.3.1 节也已对板模板支撑架各项参数进行说明，梁模板支撑架部分参数设置与板模板支撑架一致，参数设置重复部分本节不做说明，请参考第 2.3 节及第 3.3.1 节。

梁模板支撑架设置参数包括模板及支架计算依据、模板支架纵向长度和横向长度、支架外侧竖向封闭栏杆高度、脚手架安全等级、模板支架高度、模板及其支架自重标准值等，具体介绍如下：

1. 梁模板（扣件式，梁板立柱不共用）基本参数详解（图 3–16）

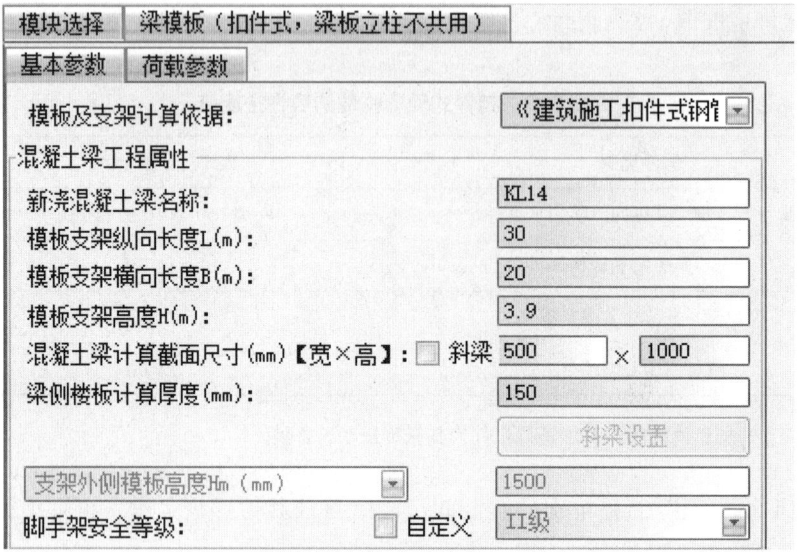

图 3–16 梁模板基本参数设置界面

（1）模板及支架计算依据：

品茗软件提供 6 种计算依据：《建筑施工扣件式钢管脚手架安全技术标准》T/CECS 699—2020、《建筑施工脚手架安全技术统一标准》GB 51210—2016、《建筑施工扣件式钢管脚手架安全技术规范》JGJ 130—2011、《建筑施工模板安全技术规范》JGJ 162—2008、《混凝土结构工程施工规范》GB 50666—2011、《建筑施工临时支撑结构技术规范》JGJ 300—2013。施工技术人员可先行查阅各项标准，选择适合本项目的标准。

（2）模板支架纵向长度、横向长度、支架高度：施工技术人员根据项目实际情况填写。

《建筑施工临时支撑结构技术规范》JGJ 300—2013 关于支撑结构搭设高度的规定如下：

1）框架式支撑结构搭设高度不宜大于 40m；当搭设高度大于 40m 时，应另行设计；

2）桁架式支撑结构搭设高度不宜大于 50m；当搭设高度大于 50m 时，应另行设计。

（3）混凝土梁计算截面尺寸：施工技术人员填写模板支撑架支撑梁构件的宽度及高度，如被支撑构件为斜梁，输入斜梁各构件参数。

（4）梁侧楼板计算厚度：施工技术人员填写支撑梁构件两侧板厚度。

2. 支撑体系设计参数（图 3–17）

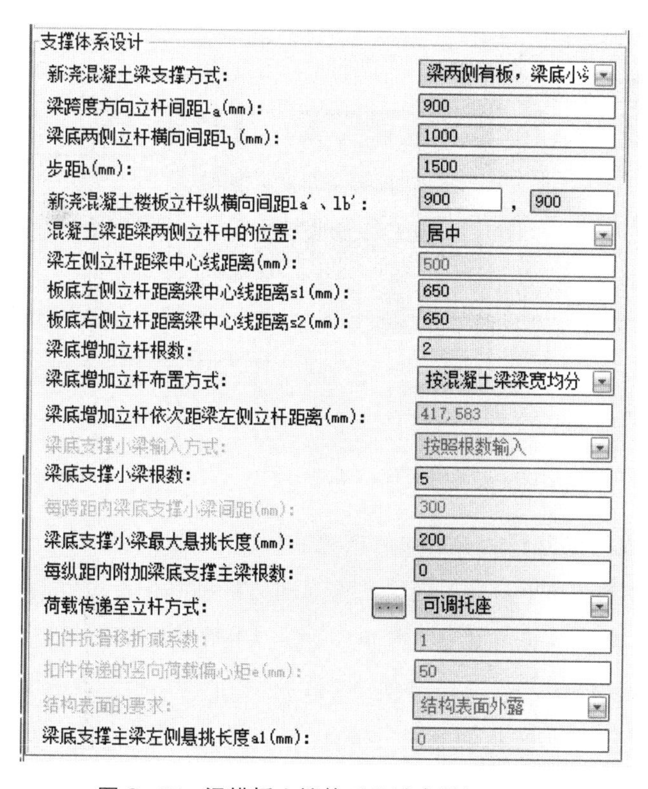

图 3-17 梁模板支撑体系设计参数设置界面

（1）新浇混凝土梁支撑方式：

软件提供 6 种支撑方式：梁两侧有板，梁底小梁平行于梁跨方向；梁两侧有板，梁底小梁垂直于梁跨方向；梁一侧有板，梁底小梁平行于梁跨方向；梁一侧有板，梁底小梁垂直于梁跨方向；梁侧无板，梁底小梁平行于梁跨方向；梁侧无板，梁底小梁垂直于梁跨方向。梁两侧是否设置楼板与被支撑梁设置位置有关，根据项目具体情况填写，梁底小梁垂直于梁跨方向与平行于梁跨方向示意图如图 3-18、图 3-19 所示。

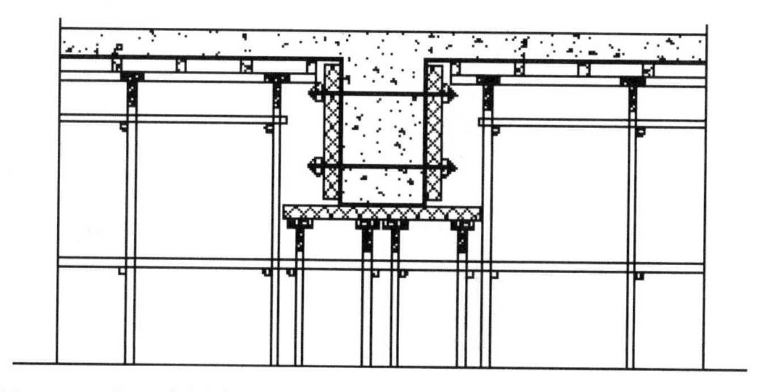

图 3-18 梁两侧有板，梁底小梁垂直于梁跨方向支撑方式示意图

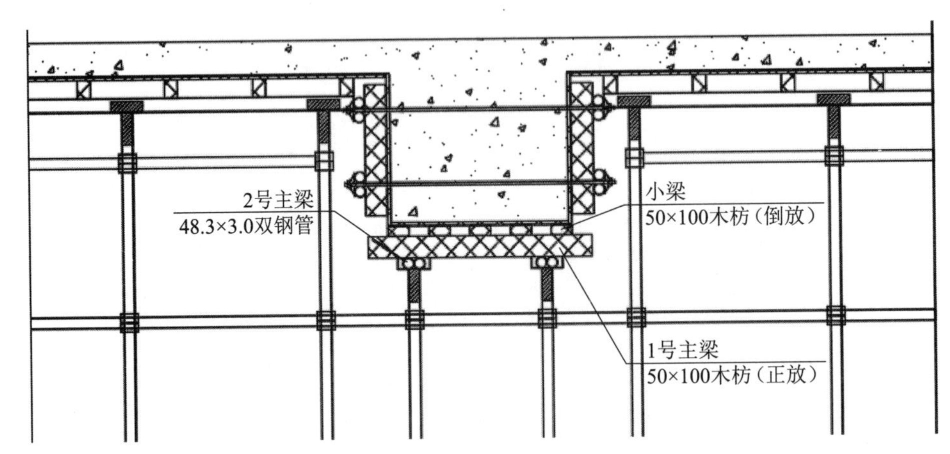

图 3-19　（套扣式）梁两侧有板，梁底小梁平行于梁跨方向支撑方式示意图

（2）梁跨度方向立杆间距、梁底两侧立杆横向间距、步距：

梁跨度方向立柱间距：即指沿梁长度方向立柱的间距。设置时应满足现行行业标准《建筑施工模板安全技术规范》JGJ 162 中的要求，即梁板支撑立柱间距应相等或成倍数。横向间距、步距各参数详解详见 2.3.1。

（3）混凝土梁距梁两侧立柱中的位置：分居中和自定义两种形式，居中即指梁的中心线和梁两侧立柱之间的中心线重合。其中居中是自定义的一个特例。

（4）梁底增加立柱根数：原则上不允许增加 1 根，要求增加 2 根以上或不设。

（5）梁底增加立柱布置方式：分为按梁两侧立柱间距等分、按梁截面宽度等分和自定义三种类型。一般情况下按梁截面宽度等分，该方式对支撑受力体系较好。

（6）梁底支撑小梁一端悬挑长度：一般情况下为居中，即小梁的两端悬挑长度相等，亦即两头立柱分别距各自最新的梁头的距离相等。

3. 荷载参数详解（图 3-20）

梁模板荷载设置的各项参数与板模板荷载参数基本一致，以上各参数的设置详解可参考第 3.3.1 节相关内容。

4. 各构件参数的设置（图 3-21）

梁模板各构件材料及截面参数设置与板各构件参数基本一致，以上各参数的设置详解可参考第 3.3.1 节相关内容。

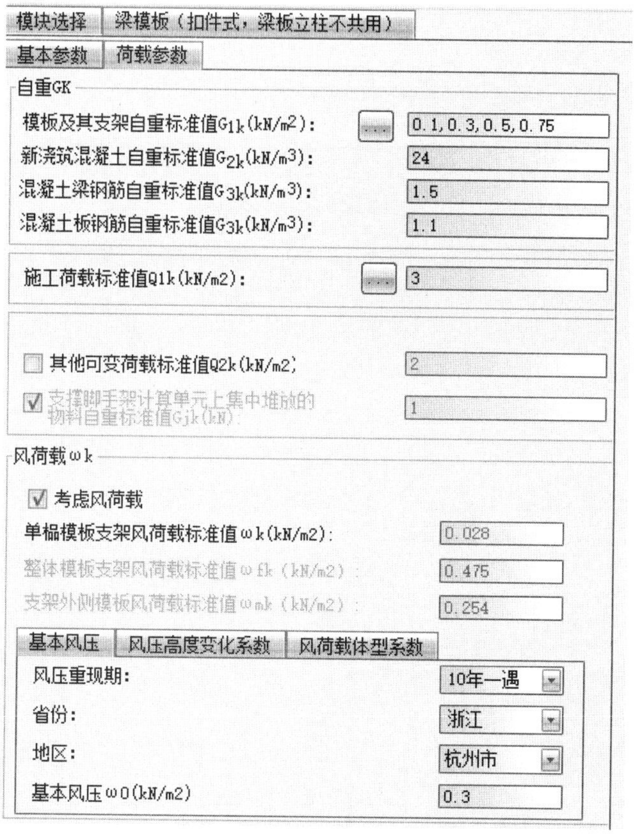

模块选择 梁模板（扣件式，梁板立柱不共用）

基本参数 荷载参数

自重GK

模板及其支架自重标准值G_{1k}(kN/m²): 0.1,0.3,0.5,0.75

新浇筑混凝土自重标准值G_{2k}(kN/m³): 24

混凝土梁钢筋自重标准值G_{3k}(kN/m³): 1.5

混凝土板钢筋自重标准值G_{3k}(kN/m³): 1.1

施工荷载标准值Q1k(kN/m2): 3

其他可变荷载标准值Q2k(kN/m2) 2

支撑脚手架计算单元上集中堆放的物料自重标准值Gjk(kN): 1

风荷载ωk

考虑风荷载

单榀模板支架风荷载标准值ωk(kN/m2): 0.028

整体模板支架风荷载标准值ωfk (kN/m2): 0.475

支架外侧模板风荷载标准值ωmk (kN/m2): 0.254

基本风压 风压高度变化系数 风荷载体型系数

风压重现期: 10年一遇

省份: 浙江

地区: 杭州市

基本风压ω0(kN/m2) 0.3

图 3–20 梁模板（扣件式）荷载参数设置界面

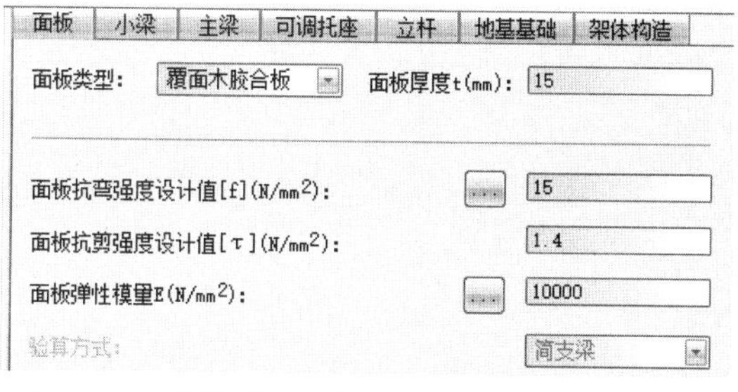

面板 小梁 主梁 可调托座 立杆 地基基础 架体构造

面板类型: 覆面木胶合板 面板厚度t(mm): 15

面板抗弯强度设计值[f](N/mm²): 15

面板抗剪强度设计值[τ](N/mm²): 1.4

面板弹性模量E(N/mm²): 10000

验算方式: 简支梁

图 3–21 梁模板（扣件式）各构件参数设置界面

3.4 模板支模架设计实例一

3.4.1 工程概况

某超高层住宅项目，屋面层标高为150.4m，花架顶面标高为154.85m。花架构件悬挑梁板伸出外立面长度为1915mm（图 3–22），且花架层平面布局为弧形，造型复杂，屋面花架布置平面图如图 3–23 所示。

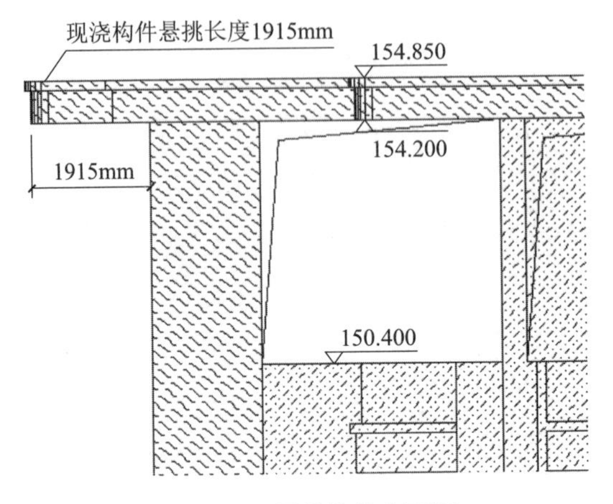

图 3–22　悬挑构件立面图

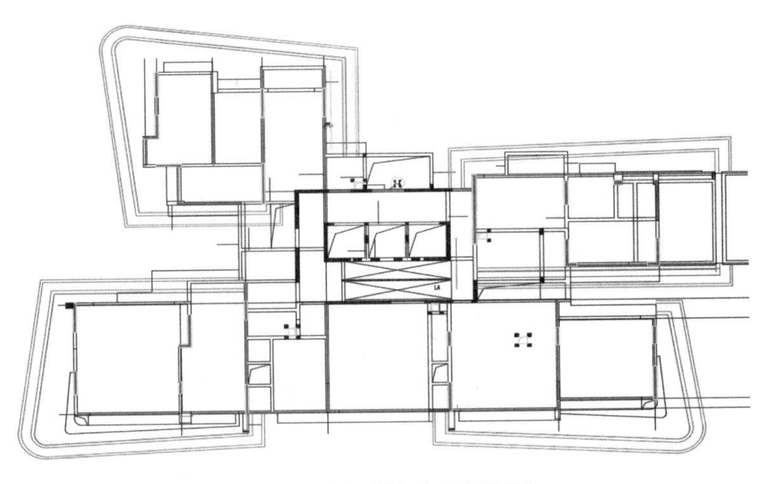

图 3–23　屋面花架布置平面图

3.4.2　设计思路

悬挑构件悬挑长度较长，弧形设计，花架层层高为 4.45m，采用现浇方式，模板支架设置较为困难。初步设想及构思，将花架深化制作为钢结构或使用预制构件，但是经过现场五方单位论证之后，由于成本及现场施工条件限制（机械设备、场地限制），最终还是维持原方案进行现浇施工。因此需要在屋面板搭设悬挑支模架，进行现浇施工。

设计思路：

（1）首先根据花架梁的规格，计算花架梁支模架的间距规格，并提取花架梁支模立杆轴力 N_1，如图 3–24 所示。

（2）根据计算得出支模架间距规格，规划立杆排布位置，支模架立杆及悬挑主梁布置平面图如图 3–24、图 3–25 所示。

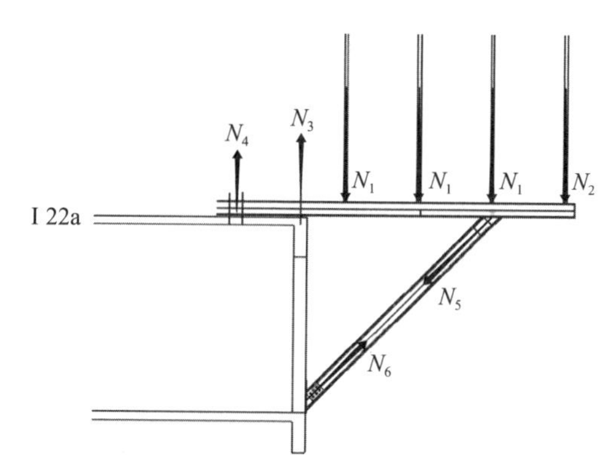

图 3–24　悬挑主梁立面图及受荷简化图

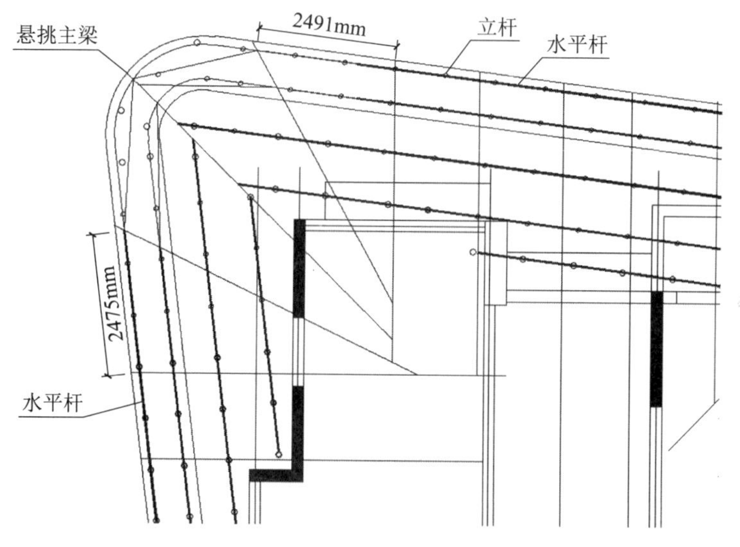

图 3–25　支模架布置平面图

（3）根据立杆排布位置，规划悬挑主梁及联梁布置位置，由于采用型钢主梁悬挑 + 下撑，因此对于悬挑主梁受力而言，在锚固端主要受荷载及自重的下压力，因此锚固端不用刻意遵守 1.25 倍悬挑长度的要求。

（4）由于花架梁是弧形结构，随之设置的悬挑主梁及联梁不是规则排列的，因此常规的工程安全计算软件没有合适的模块计算，需要利用有限元软件对悬挑主梁及联梁进行建模。

（5）提取花架梁支模立杆轴力 N_1、外架立杆轴力 N_2，通过有限元软件施加在悬挑主梁及联梁模型上，进行试算，确认型钢规格并调整。

（6）根据模型计算得出的斜撑轴力 N_5 计算斜撑拉压强度、稳定性；根据斜撑底部支撑力 N_6 计算预埋件规格；根据主梁锚固段作用力 N_3、N_4 计算锚固段锚固措施。

（7）斜撑与主梁的连接用栓焊连接，根据斜撑轴力 N_5 计算确认螺栓规格、数量、焊缝规格及尺寸。

3.5 模板支模架设计实例二

3.5.1 工程概况

某 210m 超高层公共建筑项目，酒店办公塔楼采用框架—核心筒结构体系，屋面层以上有 5 层构架层。屋面标高 174.25m，构架顶面标高 208.894m，除构架 1 层～构架 2 层核心筒范围内有梁板外，核心筒与外框柱间只有框架梁相连接，无楼板，梁与梁之间净距≥ 9m，三维模型图如图 3-26 所示，现对构架层核心筒外无板框架梁支撑脚手架进行验算。

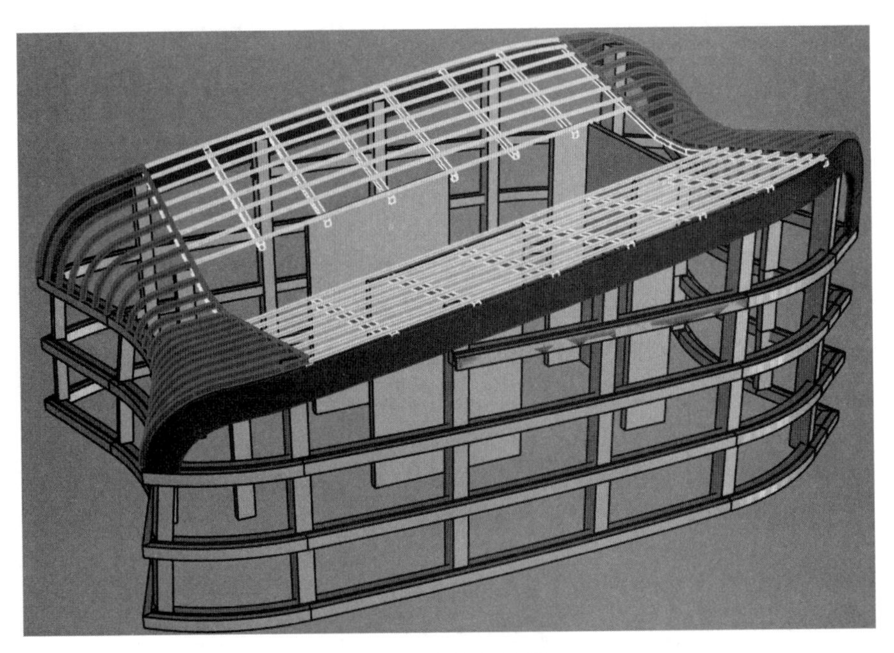

图 3-26 建筑三维模型

3.5.2 难点分析

（1）平面形状变化大。构架 1 层～构架 5 层除南北两侧外框梁边线无变化外，东西两侧外框梁逐层内收。

（2）构架顶标高复杂、变化多、斜梁多。构架顶层整体呈西低东高、外高内低的结构布局，屋框梁全部为斜梁，斜率为10%～14%，每条梁标高均不相同。

（3）梁造型复杂。构架顶层南北两侧屋框梁左端起始在构架3层，右端终点在构架4层，梁顶最大高度比构架3层高11.632m，整体随结构呈弧状，造型复杂。

（4）垂直运输压力大。框架顶层结构最大高度209.196m，材料、人员等的运输压力大，对塔式起重机依赖性高，垂直运输能力决定了工程施工速度。

3.5.3　设计思路

1. 确定施工方案

根据现场实际工况，分别从方案可行性、经济性、安全性、施工效率等方面进行优缺点对比分析（表3–6）。

表3–6　模板支设施工方案对比

方案	内容	优点	缺点
方案一	采用承插型套扣式满堂脚手架	固定模数施工便捷、效率较高、钢管质量好	（1）因构架顶层均为斜屋框梁，斜率10%～14%，套扣架固定模数无法满足要求； （2）满堂脚手架搭设时间较长，成本较高
方案二	采用承插型套扣式梁底支撑脚手架	固定模数施工便捷、效率较高、钢管质量好	因构架顶层均为斜屋框梁，斜率9%～12%，套扣架固定模数无法满足要求
方案三	采用扣件式满堂脚手架	灵活性强、解决构架顶层斜屋框梁斜率问题	满堂脚手架搭设时间较长，成本较高
方案四	采用扣件式梁底脚手架	灵活性强、解决构架顶层斜屋框梁斜率问题、质量成本可控、效率较高	造成部分钢管材料损失

通过方案对比，选定方案四施工，并进行支模架验算。

2. 模板支撑架体计算

（1）首先提取构架顶斜梁架体搭设高度、截面尺寸等信息，根据经验选择梁跨度方向立杆间距、梁两侧立杆横向间距、步距及梁底增加立杆根数，按最不利工况计算构架梁支撑架的间距规格。

计算中可能遇到以下几种不通过情形，见表3–7。

表 3-7 遇到的问题及调整建议

序号	问题	调整建议
1	小梁（方木）验算不通过	根据梁截面尺寸选择合适小梁数量，如梁宽 200 ～ 400mm 设置 2 根
2	主梁（方木）验算不通过	根据梁跨度方向立杆间距选择合适数量，如立杆间距 600mm 设置 4 根
3	2 号主梁（钢管）验算不通过	减小沿梁跨度方向立杆间距，如 900mm 改为 600mm
4	立杆最大受力不满足要求	优化立杆布置（如减小沿梁跨度方向立杆间距），或减小步距

（2）根据计算得出的支撑架间距规格，规划立杆排布位置，绘制梁底支撑架立杆布置立面图，如图 3-27 所示。

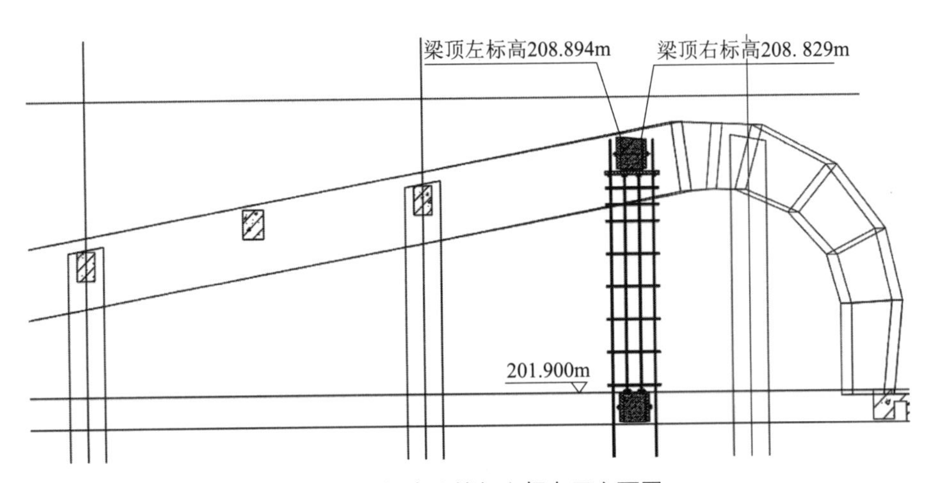

图 3-27 梁底支撑架立杆布置立面图

（3）现场施工照片（图 3-28）。

图 3-28 现场施工照片

根据《施工脚手架通用规范》GB 55023—2022 第 5.3.3 条：严禁将支撑脚手架、缆风绳、混凝土输送泵管、卸料平台及大型设备的支承件等固定在作业脚手架上。即支撑脚手架不可与作业脚手架相连。同时根据《建筑施工扣件式钢管脚手架安全技术规范》JGJ 130—2011 第 6.9.7 条：在有空间部位，满堂支撑架宜超出顶部加载区投影范围向外延伸布置 2 ～ 3 跨。即支模架可沿梁两侧外扩 2 跨，作为支撑架的同时也可作为作业脚手架。

3. 作业脚手架设计思路

（1）架体计算高度：屋面层 174.25m 至斜屋面斜梁顶 208.89m 有 34.64m，外侧立杆需高出作业面 1.5m，即架体计算最大高度为 36.15m。

（2）纵横间距及步距：为方便架体同步搭设，纵横距可按支撑脚手架规格进行计算，步距按架体排板后最大步距进行计算，如图 3-29 所示，粗线为作业脚手架。

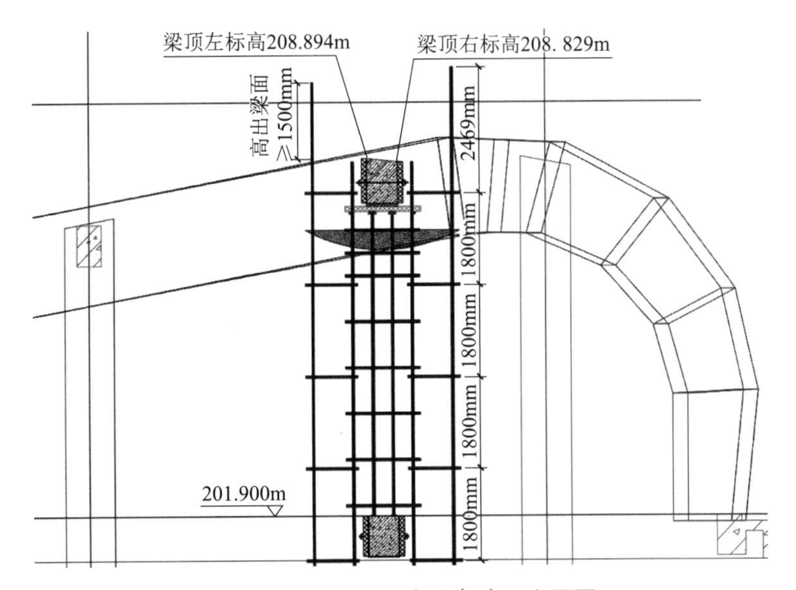

图 3-29　作业脚手架立杆布置立面图

4 设备混凝土基础安全计算

4.1 设备混凝土基础概要

建筑业的蓬勃发展同时推动着施工机械的使用和发展。施工机械具有节省大量劳动力，提高机械化作业水平和加快工程进度等特点，在施工现场有着不可或缺的作用。塔式起重机（简称“塔吊”或“塔机”），可水平和垂直运输施工材料，并具有起升高度大的优点，被广泛应用于施工现场。但是随着塔式起重机使用数量的增长，塔式起重机事故逐渐增加。

塔式起重机有着特殊的构造和独特的工作方式，因此塔式起重机的安全特点不同于一般的小型施工机械。塔式起重机由多种大型构件组装成一个整体进行施工作业；同时为满足建筑施工要求，塔式起重机的最大高度会随着建筑施工高度的增加而增长。塔式起重机在工作时受诸多因素的影响，施工工况复杂，需要多种类型的工作人员相互配合，同时也受到周围建筑或构筑物、天气等外界因素的影响。依据塔式起重机事故原因的能量致因理论，塔式起重机作为施工现场第一类危险源，储存着巨大的机械能（重力势能和动能），发生事故时意外释放的能量巨大，具有很强的破坏性后果，最终造成巨大的生命和财产损失。因此，对设备构件及设备基础的安全使用十分重要。正确的安全计算是安全使用的前提，是后续工作的重中之重。

4.1.1 塔式起重机设备简介

广泛应用于建筑工程的固定式塔式起重机主要分为附着自升式和内爬式。附着自升式塔式起重机基础设置在地面上，能随着建筑物升高而升高，适用于高层建筑，建筑结构仅承受由塔式起重机传来的水平荷载，附着方便，但占用结构用钢多，因此不适用于高度超过 100m 的超高层建筑施工；内爬式塔式起重机安装在建筑物内部（电梯井、楼梯间），借助一套托架和提升系统进行爬升，虽然整个顶升过程比较烦琐，但不需要安装基础，全部自重及荷载均由建筑物承受。内爬式塔式起重机由于在建筑物内部，塔身受风荷载小；但多台内爬式塔式起重机同时工作时，由于附着位置相近，其吊臂容易互相干扰。目前许多超高层建筑采用外附式塔式起重机，即塔式起重机外附着于核心筒上，大大增加了吊臂的活动半径，提高了施工吊装效率。

塔式起重机可以分解为金属结构、工作机构和驱动系统三个部分。金属结构的塔身部分可以简化为悬臂梁或者多跨梁。

1. 塔式起重机选用的重要性

塔式起重机是一种大型机械，不仅需要很高的购买费用和维修、保养费用，其施工安全更是人们关注的热点。安全生产能给企业带来无形的资产，相反则会为企业带来无底的“黑洞”。这个“黑洞”不仅在于企业的直接经济损失，更重要的则是企业信誉由此造成的无法估量的损失。

塔式起重机基础（简称“塔基”）的正确选择不仅能节约工程成本，还能避免无形的安全隐患带来的损失。正确选择塔式起重机及其基础是塔式起重机安全生产的第一步。建筑企业施工时对塔式起重机厂家提供的基础要求一定要根据实际情况进行验算，避免施工安全事故的发生。

2. 塔式起重机的选择

选用塔式起重机时，应根据施工时吊装的周转量和建筑物体型特征及塔式起重机的主要参数（幅度、最大幅度起重量和起升高度）来确定合适的塔式起重机形式。

塔式起重机选择好之后，还应对塔式起重机放置位置进行选择。塔式起重机的放置有以下几种方案：（1）放在基坑上；（2）放在基坑下，塔基底面和基础地面齐平；（3）放在建筑物内，塔式起重机基础放在建筑物的基础下；（4）放在地面以下、基础之上的适当位置。

各种塔式起重机和塔式起重机放置位置各有优缺点，选择时不仅要选择经济型的塔式起重机，还应根据建筑物的实际体型特征和实际地质情况，结合塔式起重机的主要性能进行选择，最终确定最经济实用的塔式起重机类型。

3. 塔式起重机基础设计要点

一般塔式起重机基础设计时，选用的荷载都是根据塔式起重机厂家所提供的塔式起重机使用说明书中附有的基础图和吊塔结构的自重、配重、压重、吊重等来计算垂直力、倾覆力矩以确定塔式起重机基础所承受的荷载。

作用在塔式起重机上的荷载分为4类（图4–1）：

（1）基本荷载，包括自重荷载、起升荷载、各种动荷载和离心力。

（2）附加荷载，主要是工作状态下的风荷载。

（3）特殊荷载，包括非工作状态下的风荷载，以及试验荷载和工作状态下的碰撞荷载。

（4）其他荷载，包括安装荷载、工作平台及通道所受荷载和运输荷载。

上述4类荷载在不同情况下的最不利组合就是塔身设计荷载。在考虑塔式起重机对基础的倾覆力矩时，除了吊重、配重、塔式起重机臂自重产生的静力矩外，还有动荷载及风荷载产生的力矩，其中风荷载产生的力矩是总倾覆力矩的主要组成部分，如图4–2所示。

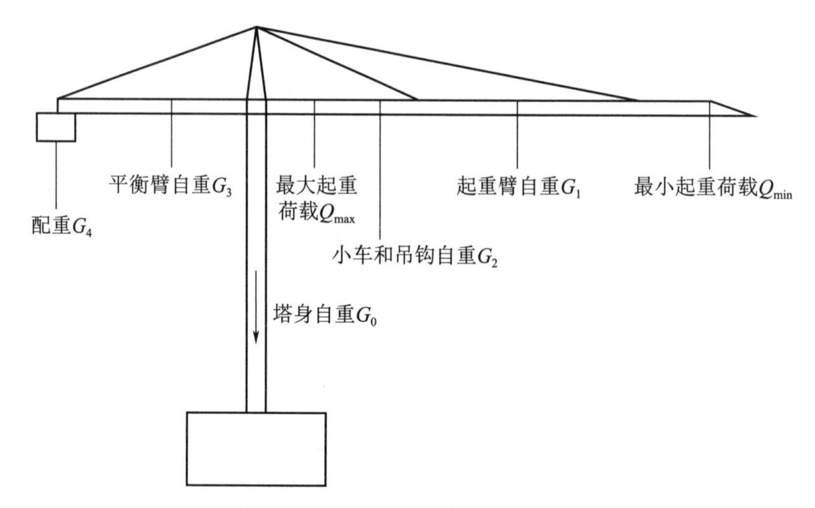

图 4-1　塔式起重机塔身和上部构件荷载简化示意图

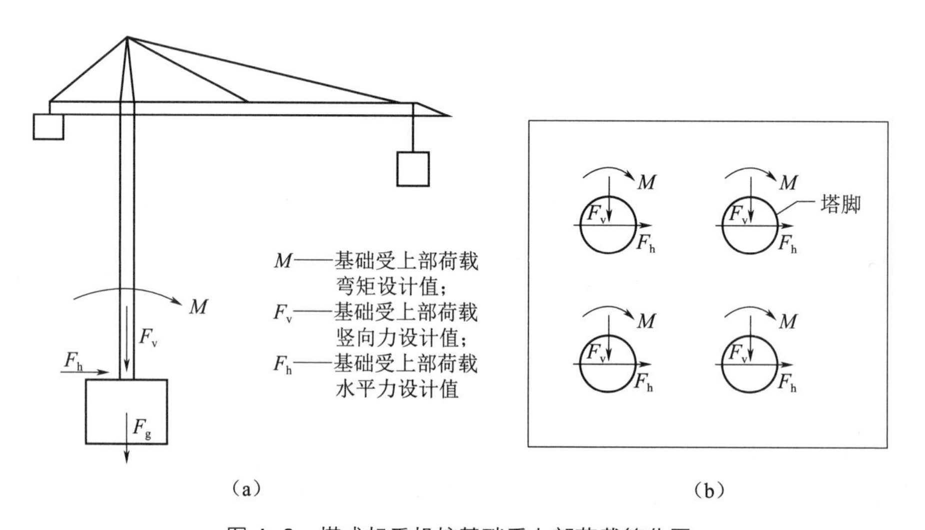

图 4-2　塔式起重机桩基础受上部荷载简化图

（a）立面；（b）平面

在非工作状态下，风荷载往往会被忽视。其实不然，不同工作状态下风荷载大小也不一样。由厂家给定的荷载可以看出，非工作状态下弯矩比工作状态下弯矩大，主要是由于非工作状态下的风荷载取极限风荷载，弯矩取实际控制弯矩。

4.1.2 基础方式的选择

随着建筑业的不断发展，塔式起重机的应用越来越广泛。目前，我国在长期的生产实践中已积累了较为丰富的塔式起重机使用经验。但是近年来塔式起重机事故不断，成了建筑施工中事故发生的多发点，而事故大多是由于塔式起重机基础选择不当造成的。现阶段塔式起重机基础的设计均是根据塔式起重机厂家提供的内力数据来确定的。有的建筑企业根据塔式起重机出厂时厂家提供的塔式起重机基础图和所需的地基承载力来确定。这就给塔式起重机基础的设计和施工带来不确定性，更是造成塔式起重机安全隐患的一个主要原因。

塔式起重机基础设计时，应把塔式起重机视为一个构筑物，因此在塔式起重机基础设计时不仅要考虑塔身荷载，还要考虑其他因素的影响，进行稳定性、强度等多种验算。

塔式起重机基础上作用的荷载主要有塔式起重机自身重力、塔式起重机基础自重、水平力、倾覆力矩及扭矩。其中作用在基础上的水平力较小，对基础影响不大，可忽略不计。按一般构造要求以及工程实际经验，塔式起重机基础所受的扭矩远小于 1/4 开裂扭矩，并且只在工作状态时产生，故在一般工程设计中可不考虑扭矩的作用，也可忽略不计。因此，在计算塔式起重机基础所受荷载时主要考虑竖向荷载和倾覆力矩两项。

塔式起重机基础形式应根据工程地质、荷载大小与塔机稳定性要求、现场条件、技术经济指标，并结合塔式起重机厂商提供的《塔机使用说明书》要求确定。目前塔式起重机基础的结构类型主要有天然板式基础、桩基础（包括四桩、三桩、单桩基础）、十字交叉梁桩式基础、十字交叉梁板式基础、组合式基础（由混凝土承台或型钢平台、格构式钢柱或钢管柱及灌注桩或钢管桩等组成），如图 4–3、图 4–4 所示。以下介绍各种基础的适用条件：

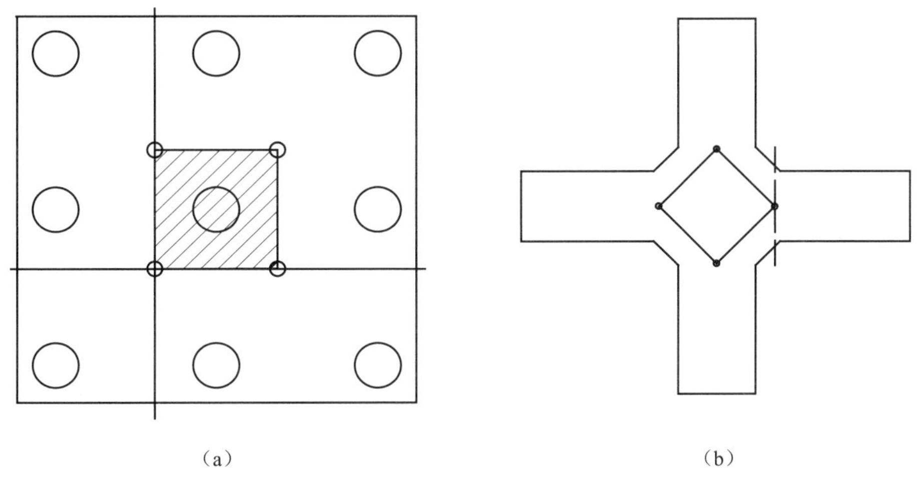

图 4–3　塔式起重机桩基础及十字交叉梁桩式基础

（a）桩基础；（b）十字交叉梁桩式基础

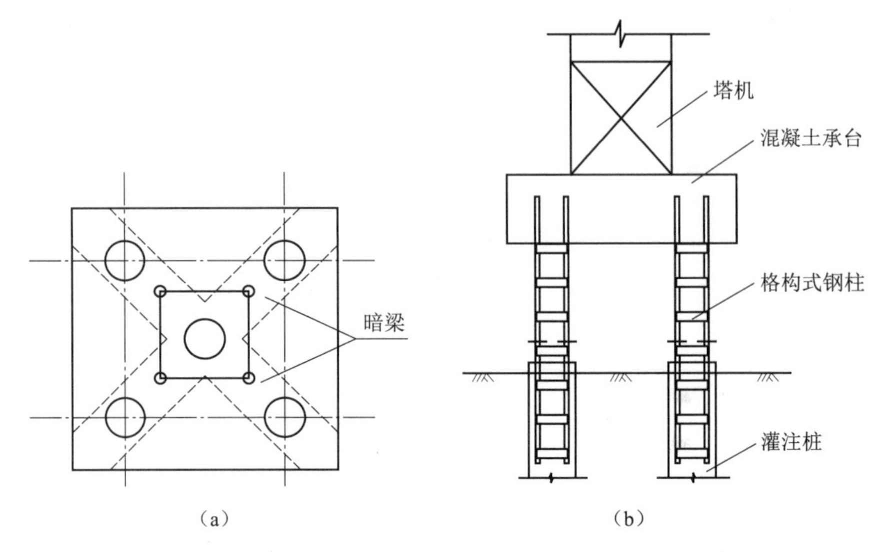

图 4-4　塔式起重机十字交叉梁板式基础和组合式基础

（a）十字交叉梁板式基础；（b）格构式钢柱组合式基础

（1）板式基础适用条件：现场施工场地条件良好，允许塔式起重机做大尺寸板式基础，且地基承载力较好。板式基础是指矩形、截面高度不变的混凝土基础。

混凝土板式基础（图 4-5）优点：当工程地质勘察报告中提供的土层地基承载力达到塔式起重机使用说明书中的地基承载力要求，一般工程技术人员可以直接选用塔式起重机厂家提供的塔式起重机使用说明书中所附的基础图。混凝土板式基础造价低，施工工期短，对周边及地下环境影响小。

图 4-5　塔式起重机混凝土板式基础

（2）桩基础适用条件：当地基为软弱土层，采用浅基础不能满足塔机对地基承载力的要求，且考虑复合地基成本较大时，可考虑使用桩基础，基桩可使用预制桩或灌注桩。

桩基础（图 4–6）优点：桩基础布置灵活，受场地限制较小。

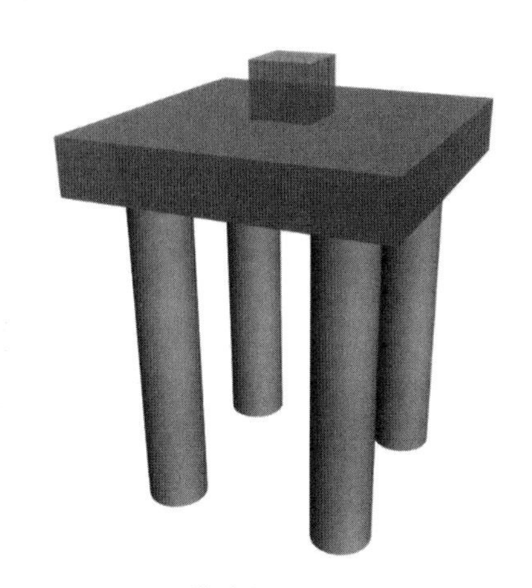

图 4–6 塔式起重机桩基础示意图

（3）组合式基础适用特点：大多适用于深大基坑，需要提前使用塔式起重机解决运输问题。组合式基础是指由若干格构式钢柱或钢管柱与其下端连接的基桩以及上端连接的混凝土承台或型钢平台组成的基础。

组合式基础（图 4–7）优点：解决深大基坑土方开挖、支护阶段运输问题，节约工期；格构柱可回收，降低成本。

图 4–7 塔式起重机组合式基础全景图

4.2 设备混凝土基础设计基本规定

4.2.1 荷载

塔机的固定式混凝土基础形式有矩形板式、方形板式、十字形、桩基及组合式基础，基坑内的塔机基础常用组合式基础。塔机基础设计宜符合以下规定：

（1）塔机的基础形式应根据工程地质、荷载与塔机稳定性要求、现场条件、技术经济指标，并结合塔机使用说明书的要求确定。

（2）塔机基础的设计应按独立状态下的工作状态和非工作状态的荷载分别计算。塔机基础工作状态的荷载应包括塔机和基础自重及覆土荷载、起重荷载、风荷载，并应计入可变荷载的组合系数，其中起重荷载可不计入动力系数；非工作状态下的荷载应包括塔机和基础的自重及覆土荷载、风荷载。

（3）塔机工作状态的基本风压应按 $0.20kN/m^2$ 取用，风荷载作用方向应按起重力矩同向计算；非工作状态的基本风压应按现行国家标准《建筑结构荷载规范》GB 50009 中给出的 50 年一遇的风压取用，且不应小于 $0.35kN/m^2$，风荷载作用方向应按最不利方向作用；塔机的风荷载可按现行行业标准《塔式起重机混凝土基础工程技术标准》JGJ/T 187 规定进行简化计算。

（4）塔机基础设计应采用塔机使用说明书中提供的基础荷载，应包括工作状态和非工作状态的垂直荷载、水平荷载、倾覆力矩、扭矩以及非工作状态的基本风压；若非工作状态时塔机现场的基本风压大于塔机使用说明书中要求的基本风压，则应按国家现行标准的规定对风荷载进行换算。塔机使用说明书没有特别说明的情况下，所提供的基础荷载应作为标准组合值进行计算。

4.2.2 地基承载力

1. 矩形基础（天然基础）地基承载力验算

（1）当上部结构承受轴心荷载时，基础底的平均压应力应不大于地基承载力特征值。

$$p_k \leqslant f_a \tag{4-1}$$

式中 p_k——相应于作用标准值时，基础底面处的平均压力值（kPa）；

f_a——修正后的地基承载力特征值（kPa）。

（2）当基础承受偏心荷载，即弯矩及轴力共同作用时，基础边缘最大压应力值应不大于地基承载力特征值的 1.2 倍。

$$p_{kmax} \leqslant 1.2f_a \tag{4-2}$$

式中 p_{kmax}——相应于作用标准值时，基础底面边缘最大压应力值（kPa）。

（3）轴心荷载下，基底平均压应力按下式计算。

$$p_k = \frac{F_k + G_k}{A} = \frac{F_k + G_k}{b \times l} \tag{4-3}$$

式中 F_k——相应于作用标准值时，塔基作用于基础顶面的竖向力（kN）；

G_k——基础及其上土的自重标准值（kN）；

b——矩形基础底面的短边长度（m）；

l——矩形基础底面的长边长度（m）。

（4）偏心荷载下，当偏心距 $e \leqslant \frac{b}{6}$，其基底压力计算示意图如图 4-8（a）所示，基底边缘最大压应力按下式计算。

$$p_{kmax} = \frac{F_k + G_k}{b \times l} + \frac{M_k + F_{vk} \times h}{W} \tag{4-4}$$

式中 M_k——相应于作用标准值时，塔基作用于基础顶面短边方向的力矩值（kN·m）；

F_{vk}——相应于作用标准值时，塔基作用于基础顶面短边方向的水平荷载值（kN）；

h——基础截面的高度（m）；

W——基础底面的抵抗矩（m^3），当基础截面为矩形时，$W = \frac{1}{6} \times b^2 \times l$。

（5）偏心荷载下，当偏心距 $e > \frac{b}{6}$（m^3），其基底压力计算示意图如图 4-8（b）所示，其基底边缘最大压应力按下式计算。

$$P_{kmax} = \frac{2 \times (F_k + G_k)}{3 \times b \times a} \tag{4-5}$$

式中 a——合力作用点至基础底面最大压力边缘的距离（m），$a = \frac{b}{2} - e$；

e——偏心距（m），偏心距计算公式为：$e = \frac{M_k + F_{vk} \times h}{F_k + G_k}$。

塔式起重机选用天然基础时，设计人员根据持力层的承载力大小，计算并选取合适的矩形基础尺寸，确保基础底面平均压应力不大于修正后的地基承载力特征值，基底边缘最大压应力值不大于修正后的地基承载力特征值的 1.2 倍。

塔式起重机选用天然基础时，当存在下列情况时，应进行地基变形验算：

1）基础附近地面有堆载作用；

2）地基持力层下有软弱下卧层。

基础变形计算可按现行国家标准《建筑地基基础设计规范》GB 50007 进行计算。

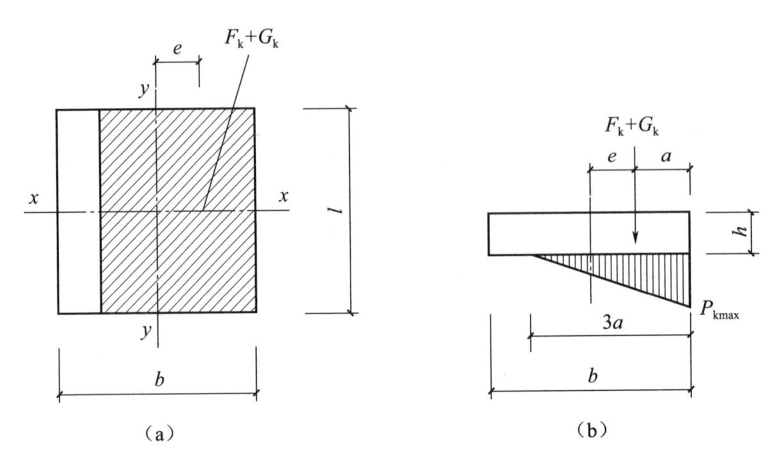

图 4-8 偏心荷载下基底压力计算示意（b 为力矩作用方向基础底面边长）

（a）偏心荷载 $e\leqslant\frac{b}{6}$；（b）偏心荷载 $e>\frac{b}{6}$

2. 桩基础承载力计算

（1）轴心竖向荷载下，基桩平均竖向力按下式计算。

$$Q_k=\frac{F_k+G_k}{n} \tag{4-6}$$

式中 Q_k——相应于作用标准值时，轴心竖向力作用下，基桩平均竖向力（kN）；

F_k——相应于作用标准值时，塔基作用于基础顶面的竖向力（kN）；

G_k——基础及其上土的自重标准值（kN）；

n——桩基中桩的数量（根）。

（2）偏心荷载下，基桩最大竖向力按下式计算。

$$Q_{kmax}=\frac{F_k+G_k}{n}+\frac{M_k+F_{vk}\times h}{L} \tag{4-7}$$

式中 Q_{kmax}——相应于作用标准值时，偏心竖向力作用下，基桩最大竖向力（kN）；

M_k——相应于作用标准值时，塔基作用于基础顶面短边方向的力矩值（kN·m）；

F_{vk}——相应于作用标准值时，塔基作用于基础顶面短边方向的水平荷载值（kN）；

L——矩形承台两个基桩的轴线距离（m）。

（3）基桩竖向力应不大于单桩竖向承载力特征值，按下列公式计算。

$$Q_k\leqslant R_a \tag{4-8}$$

$$Q_{kmax} \leqslant 1.2R_a \quad (4\text{-}9)$$

式中 R_a——单桩竖向承载力特征值（kN）。

（4）单桩竖向承载力特征值可按下式计算。

$$R_a = u\sum q_{sia} \times l_i + q_{pa} \times A_P \quad (4\text{-}10)$$

式中 u——桩身周长（m）；

q_{sia}——第 i 层岩土的桩侧摩阻力特征值（kPa）；

l_i——第 i 层岩土的厚度（m）；

q_{pa}——桩端土的承载力特征值（kPa）；

A_P——桩底端部横截面面积（m^2）。

塔式起重机选用桩基础时，设计人员根据已选取的基桩直径及拟选用的桩长确定单桩承载力特征值的大小，计算并选取合适的桩基础数量，确保基桩平均竖向力不大于单桩承载力特征值，基桩最大竖向力值不大于单桩承载力特征值的 1.2 倍。

4.2.3 混凝土结构设计及构造要求

1. 天然基础设计构造基本要求

（1）当确定基础地面尺寸和计算基础承载力时，基底压力可根据第 4.2.2 节计算；基础配筋应按现行国家标准《混凝土结构设计标准》GB/T 50010 的规定进行受弯及受剪计算。

（2）基础埋置深度应根据工程选址、塔机的荷载大小和相邻环境条件及地基土冻胀影响等因素综合确定，基础顶面标高不宜超出现场自然地面。冻土地区的基础应采取构造措施以避免基底及基础侧面的土受冻胀作用。

（3）基础高度应满足塔机及预埋件的抗拔要求，且不宜小于 1200mm，不宜采用坡形或台阶形截面的基础。

（4）基础的混凝土强度等级不应低于 C30，垫层混凝土强度等级不应低于 C20，混凝土垫层厚度不应小于 100mm。基础配筋应符合现行国家标准《混凝土结构设计标准》GB/T 50010 的规定，且板式基础最小配筋率不应小于 0.15%，梁式基础最小配筋率不应小于 0.2%。

（5）板式基础在基础表层和底层应配置直径不小于 12mm、间距不大于 200mm 的钢筋，且上下层主筋之间间距不大于 500mm 的竖向构造钢筋连接；十字形基础主筋应按梁式配筋，主筋直径不应小于 12mm，箍筋直径不应小于 8mm，且间距不应大于 200mm。板式和十字形基础架立筋的截面面积不宜小于受力筋截面面积的一半。

（6）矩形基础的长边与短边长度之比不应大于 2，宜采用方形基础；十字形基础的节点处应采用加腋构造，且塔机塔身的 4 根立柱应分别位于条形基础的轴线上。

2. 桩基础（深基础）设计构造基本要求

（1）基础桩可采用预制混凝土桩、预应力混凝土管桩、混凝土灌注桩或钢管桩，宜采用与工程桩同类型的基桩。

（2）桩端持力层应选择中低压缩性的黏性土、中密或密实的砂土或粉土等承载力较高的土层。桩端全断面进入持力层的深度，对于黏性土、粉土不宜小于 $2d$，对于砂土不宜小于 $1.5d$，对于碎石类土不宜小于 $1d$；当存在软弱下卧层时，桩端以下硬持力土层厚度不宜小于 $3d$，并应验算下卧层的承载力，位于基坑边的塔机基础基桩长度不宜小于邻近基坑围护桩的长度。d 为圆桩设计直径或方桩设计边长。

（3）当塔机基础位于岩石地基时，可采用岩石锚杆基础。

（4）桩基承台应进行受弯、受剪承载力计算，应将塔机作用于承台的 4 根立柱所包围的面积作为柱截面，承台弯矩、剪力可按现行行业标准《塔式起重机混凝土基础工程技术标准》JGJ/T 187 计算，受弯、受剪承载力和配筋应按国家现行标准《混凝土结构设计标准》GB/T 50010 和《建筑桩基技术规范》JGJ 94 的规定进行计算。

（5）承台的混凝土强度等级不应小于 C30，混凝土灌注桩的强度等级不应小于 C25，混凝土预制桩的强度等级不应小于 C30，预应力混凝土桩的强度等级不应小于 C40。

（6）承台宜采用截面高度不变的矩形板式或十字梁式承台，截面高度不宜小于 1200mm，且应满足塔机使用说明书的要求。基桩宜均匀对称布置，且不宜少于 4 根，边桩中心至承台边缘的距离不应小于桩的直径或截面边长，且桩的外边缘至承台边缘的距离不应小于 250mm。十字形梁式承台的节点处应采用加腋构造。

（7）当桩径小于 800mm，基桩嵌入承台的长度不宜小于 50mm；当桩径不小于 800mm，基桩嵌入承台的长度不宜小于 100mm。

（8）基桩主筋伸入承台基础的锚固长度不应小于 35 倍主筋直径。对于抗拔桩，桩顶主筋的锚固长度应按现行国家标准《混凝土结构设计标准》GB/T 50010 确定。对预应力混凝土管桩和钢管桩，宜采用植于桩芯混凝土不少于 6 根直径 22mm（HRB400 级）的主筋锚入承台基础。当采用预应力混凝土管桩时，应按抗拔桩的要求设置桩端锚固钢筋和桩节间端板的连接。预应力混凝土管桩和钢管桩中的桩芯混凝土长度不应小于 3 倍桩径，且不应小于 2500mm。其强度等级宜比承台提高一级。

4.3　设备混凝土基础电算参数详解

4.3.1　板式混凝土基础（天然基础）软件计算参数详解（图 4–9）

本节对软件计算板式混凝土基础设备上部荷载参数（图 4–10）、板式基础尺寸及配筋参数、地基承载力参数、软弱下卧层承载力计算参数、地基变形参数等具体介绍如下：

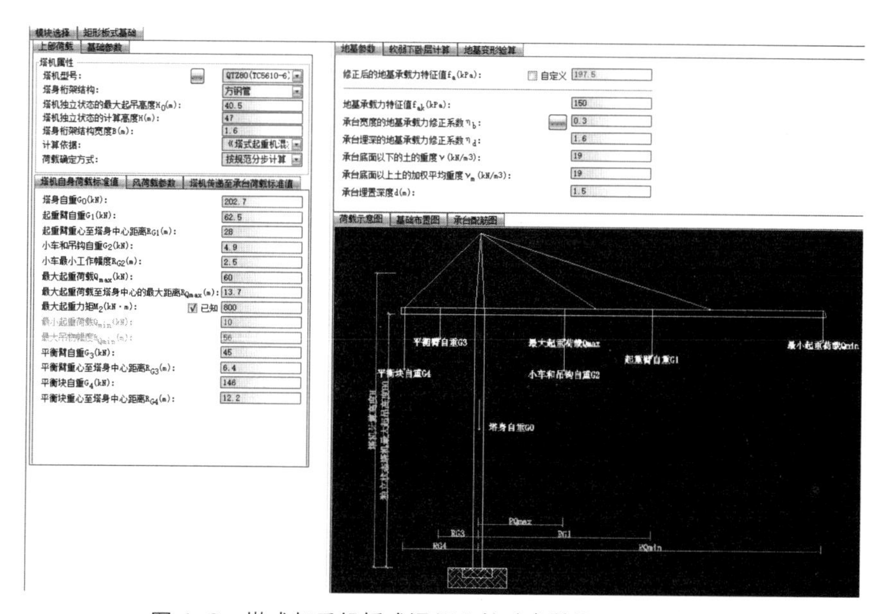

图 4–9　塔式起重机板式混凝土基础参数设置界面（一）

1. 塔式起重机设备上部荷载参数详解

（1）塔式起重机型号（图 4–11）

项目施工前期规划中，技术人员根据项目规模、各建筑的平面布置、建筑高度、建筑结构形式等各种因素，选择满足运距及起吊重量要求的塔式起重机型号。计算人员在软件塔式起重机数据库中寻找对应机型；当软件塔式起重机数据库中无对应机型时，手动输入塔式起重机参数。

（2）塔身桁架结构：塔身结构常用的截面形式有方钢管、圆钢管、角钢，项目根据选用塔式起重机的型号选择相应的截面形式。

（3）塔机独立状态的最大起吊高度：塔机在独立状态，即塔机与邻近建筑物无任何连接的状态时，所承受的风荷载等水平荷载及倾覆力矩、扭矩对基础的作用效应最大；安装附墙装置后处于附着状态时，虽然增加了标准节自重，但对基础设

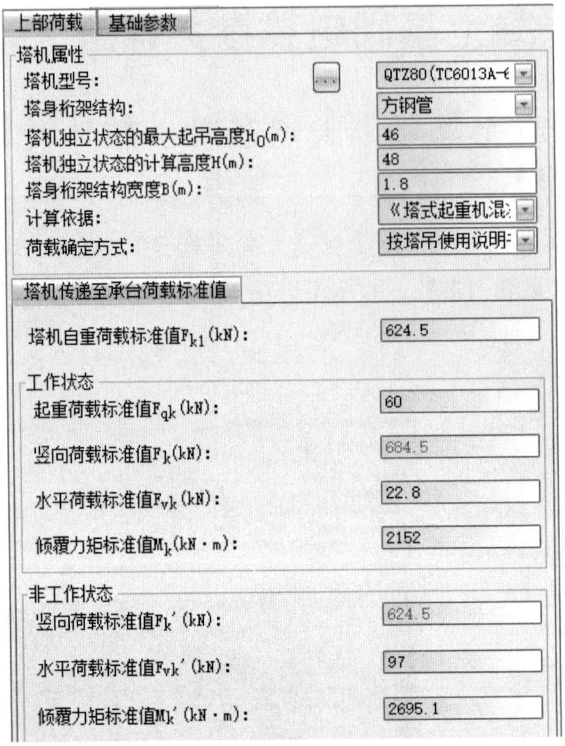

图 4-10 塔式起重机板式混凝土基础上部荷载参数设置界面

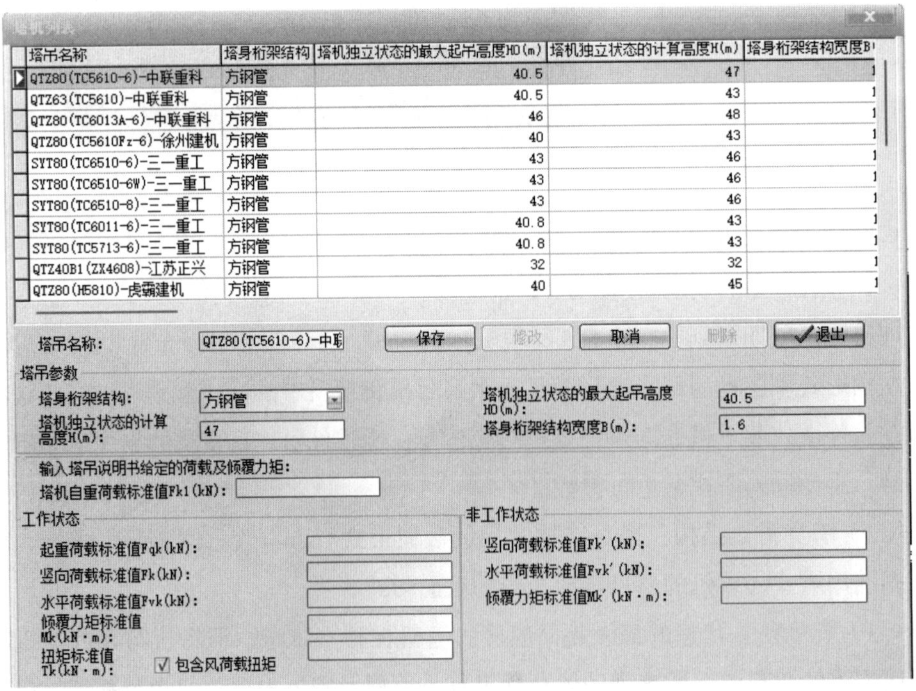

塔吊名称	塔身桁架结构	塔机独立状态的最大起吊高度H0(m)	塔机独立状态的计算高度H(m)	塔身桁架结构宽度B
QTZ80(TC5610-6)-中联重科	方钢管	40.5	47	1
QTZ63(TC5610)-中联重科	方钢管	40.5	43	1
QTZ80(TC6013A-6)-中联重科	方钢管	46	48	1
QTZ80(TC5610Fz-6)-徐州建机	方钢管	40	43	1
SYT80(TC6510-6)-三一重工	方钢管	43	46	1
SYT80(TC6510-6W)-三一重工	方钢管	43	46	1
SYT80(TC6510-8)-三一重工	方钢管	43	46	1
SYT80(TC6011-6)-三一重工	方钢管	40.8	43	1
SYT80(TC5713-6)-三一重工	方钢管	40.8	43	1
QTZ40B1(ZX4608)-江苏正兴	方钢管	32	32	1
QTZ80(H5810)-虎霸建机	方钢管	40	45	1

图 4-11 塔式起重机型号参数设置界面

计起控制作用的水平荷载及倾覆力矩、扭矩等主要由附墙装置承担，故附着状态可不计算，本条是塔机基础设计的基本原则。塔机独立状态的最大起吊高度为基础顶面至起重臂和平衡臂底面的距离。

（4）塔机独立状态的计算高度：塔机与邻近建筑物无任何连接状态时，按基础顶面至锥形塔帽一半处高度或平头式塔机的臂架顶取值。

组合式基础中塔机初次安装高度宜控制在临界独立高度的 75% 以内。凡采用组合式基础的，塔机临界独立高度计算，应将格构柱高度计算在内，即取塔机设计允许独立高度与格构柱高度和的 75%。

（5）塔身桁架结构宽度：为桁架弦杆之间的距离，如选择相应的塔机型号，可以通过厂家提供的塔式起重机说明书，输入相应数值。

（6）计算依据：以最新的行业标准《塔式起重机混凝土基础工程技术标准》JGJ/T 187—2019 为计算依据。

（7）荷载确定方式：塔机基础设计应采用塔机使用说明书中提供的基础荷载，应包括工作状态和非工作状态的垂直荷载、水平荷载、倾覆力矩、扭矩以及非工作状态的基本风压；若非工作状态时塔机现场的基本风压大于塔机使用说明书提供的基本风压，则应按国家现行标准规定对风荷载进行换算。塔机使用说明书没有特别说明的情况下，所提供的基础荷载应作为标准组合值进行计算。

2. 板式基础参数详解（图 4–12）

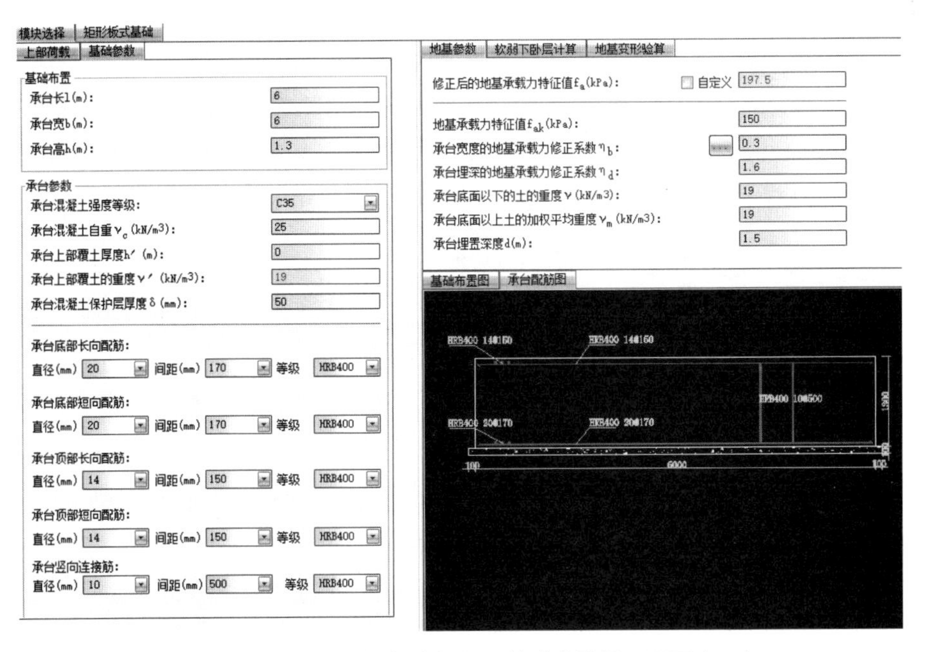

图 4–12　塔式起重机板式混凝土基础参数设置界面（二）

（1）基础布置尺寸：包括板式基础长度、宽度及高度（图 4–13）。

承台长度：矩形承台长边的长度，长边与短边长度之比不宜大于 2，宜采用方形基础。

承台宽度：矩形承台短边的长度，长边与短边长度之比不宜大于 2，宜采用方形基础。

承台高度：基础高度应满足塔机预埋件的抗拔要求，且不宜小于 1000mm，不宜采用坡形或台阶形截面的基础。

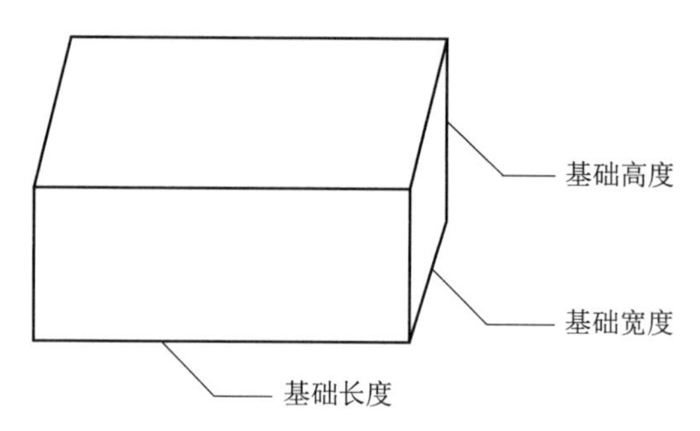

图 4–13　板式基础长度、宽度及高度示意图

（2）基础材料参数：

软件提供承台混凝土强度等级有：C15、C20、C25、C30、C35、C40、C45、C50、C55、C60、C65、C70、C75、C80。低等级混凝土强度较低，高于 C50 等级的混凝土为高强度混凝土，强度等级高于 C50 的混凝土强度取值较高，但材料塑性较低，脆性增加，因此基础混凝土强度等级不应低于 C30，垫层混凝土强度等级不应低于 C20，混凝土垫层厚度不应小于 100mm，设备基础选择的混凝土强度等级一般为 C30、C35、C40。考虑经济性和安全适用性，混凝土基础选择 C30 的情况较多。不同混凝土强度等级取值如表 4–1 所示。

表 4–1　不同混凝土强度等级取值（N/mm^2）

强度	混凝土强度等级													
	C15	C20	C25	C30	C35	C40	C45	C50	C55	C60	C65	C70	C75	C80
f_{ck}	10.0	13.4	16.7	20.1	23.4	26.8	29.6	32.4	35.5	38.5	41.5	44.5	47.4	50.2
f_{tk}	1.27	1.54	1.78	2.01	2.20	2.39	2.51	2.64	2.74	2.85	2.93	2.99	3.05	3.11
f_c	7.2	9.6	11.9	14.3	16.7	19.1	21.1	23.1	25.3	27.5	29.7	31.8	33.8	35.9
f_t	0.91	1.10	1.27	1.43	1.57	1.71	1.80	1.89	1.96	2.04	2.09	2.14	2.18	2.22

注：f_{ck} 表示混凝土轴心抗压强度标准值（N/mm^2）；f_{tk} 表示混凝土轴心抗拉强度标准值（N/mm^2）；f_c 表示混凝土轴心抗压强度设计值（N/mm^2）；f_t 表示混凝土轴心抗拉强度设计值（N/mm^2）。

（3）承台混凝土自重：塔式起重机基础选择钢筋混凝土材料，钢筋混凝土复合材料的重度一般取为 $25kN/m^3$。

（4）承台上部覆土厚度及重度：基础上部覆土厚度为基础顶面至地面之间的距离。当选择天然基础时，上部填土层地基承载力相对较低，如不适宜作为塔式起重机基础的持力层时，往往选择下面承载力相对较高的土层作为持力层，因而会存在覆土厚度。

上部覆土重度是指上部土层的天然状态下重度（kN/m^3），黏性土一般取值为 18 ～ $20kN/m^3$，砂土一般取值为 16 ～ $20kN/m^3$，腐殖土一般取值为 15 ～ $17kN/m^3$，上部覆土重度软件默认的取值为 $19kN/m^3$。

（5）承台混凝土保护层厚度：混凝土保护层厚度是指结构构件中钢筋外边缘至构件表面范围用于保护钢筋的混凝土，混凝土结构一般根据构件所处的环境类别选择相应的保护层厚度，现行国家标准《混凝土结构设计标准》GB/T 50010 规定，钢筋混凝土基础宜设置混凝土垫层，基础中钢筋的混凝土保护层厚度应从垫层顶面算起，且不宜小于 40mm。混凝土基础设置垫层有利于现场施工，同时对混凝土基础也是有保护作用的。

（6）承台底部长向配筋、承台底部短向配筋：塔式起重机采用天然基础时，矩形板式基础底部钢筋为受力钢筋，底部长向钢筋用于承担垂直于长边方向的弯矩，作用于基础的弯矩来源于扣除基础自重及其上土重后地基土净反力产生的基础相应截面的弯矩。

当计算板式基础承载力时，应将塔机作用于基础的 4 根立柱所包围的面积作为塔身柱截面，并取柱边缘截面 1—1 处作为计算受弯、受剪的最危险截面（图 4–14）。计算时应采用的基础底面的地基净反力参照现行行业标准《塔式起重机混凝土基础工程技术标准》JGJ/T 187 进行计算，混凝土矩形板式基础底板受力钢筋的计算可参照现行国家标准《建筑地基基础设计规范》GB 50007 进行求解。

基础底板受力钢筋的配置数量不仅要满足计算要求，即受力钢筋提供的受弯承载力设计值不小于任意截面处弯矩设计值最大值，而且受力钢筋的最小配筋率不应小于 0.15%，梁式基础最小配筋率不应小于 0.20%。同时，板式基础在基础底层配置直径不应小于 12mm、间距不应大于 200mm 的钢筋，基础底板受力钢筋最小配筋率表达式如下式所示。

$$\rho_{\min} = \frac{A_s}{bh} \geqslant 0.15\% \tag{4-11}$$

式中　b——垂直于钢筋铺设的矩形基础边长（m）；

h——混凝土矩形基础的厚度（m）。

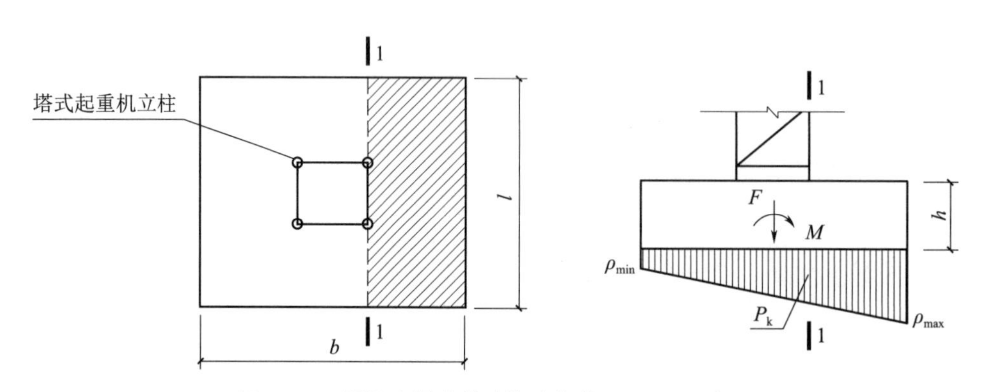

图 4–14 混凝土板式基础柱边缘截面 1—1 示意图

混凝土基础选用的受力钢筋直径，项目选择频率较高的有 18mm、20mm、22mm、25mm，直径大于 25mm 的钢筋较少使用，直径较小时较难满足最小配筋率要求，钢筋等级现在大多使用三级钢筋 HRB400。

钢筋间距取 10mm 的整数倍，以便于现场施工。

（7）承台顶部长向配筋、承台顶部短向配筋、承台竖向连接钢筋：

塔式起重机矩形基础在上部结构竖向力和倾覆力矩作用下，承台底板钢筋为受力钢筋，而顶部钢筋为非受力钢筋，顶部钢筋为分布钢筋，板式基础在基础表层配置直径不应小于 12mm、间距不应大于 200mm 的钢筋，且上下层主筋应用间距不大于 500mm 的竖向构造钢筋连接。

考虑塔机基础的重要性，塔机基础在倾覆力矩作用下，基础受到塔机锚栓等的上拔力作用，产生负弯矩，故规定基础顶部钢筋架立筋的截面面积不宜小于受力筋截面面积的一半，必要时主筋宜上、下层对称配筋。

混凝土基础选用的架立钢筋直径，项目选择频率较高的有 12mm、14mm、16mm、18mm，同样配筋面积条件下，建议选择小直径小间距钢筋，因为基础尺寸相对较大，钢筋间距取小值有利于抵抗混凝土开裂，钢筋等级现在大多使用三级钢筋 HRB400。

3. 地基参数详解（图 4–15）

修正后的地基承载力特征值 f_a（kPa）：

地基承载力特征值按《岩土工程勘察报告》取用，当基础宽度大于 3m，或埋置深度大于 0.5m 时，以荷载试验或其他原位测试、经验值等方法确定的地基承载力特征值，尚应按下式进行修正。

$$f_{\mathrm{a}}=f_{\mathrm{ak}}+\eta_{\mathrm{b}}\times\gamma\left(b-3\right)+\eta_{\mathrm{d}}\times\gamma_{\mathrm{m}}\left(d-0.5\right) \tag{4-12}$$

式（4-12）中，各个参数的含义及建议取值如下：

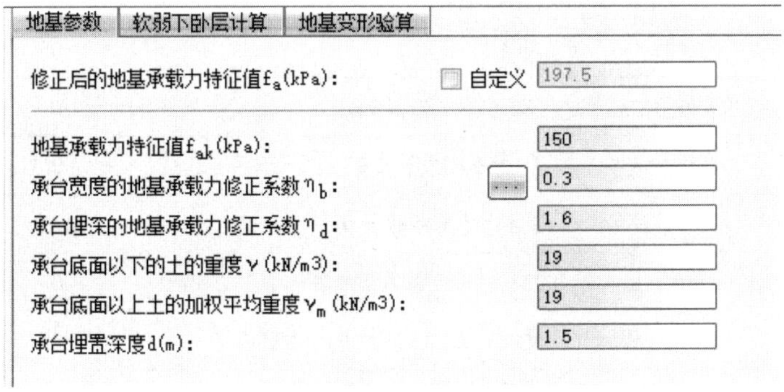

图 4-15　混凝土板式基础地基参数设置界面

（1）f_{ak} 为地基承载力特征值（kPa），可从荷载试验或其他原位测试、结合工程实践经验值等综合确定，计算人员也可从项目《岩土工程勘察报告》提供的地基承载力特征值等确定地基承载力特征值。

（2）γ 为基础底面以下土的重度（$\mathrm{kN/m^3}$），地下水位以下取浮重度 ，浮重度为土的饱和重度减去水的重度，计算公式如下：

$$\gamma' = \gamma_{\mathrm{sat}} - \gamma_{\mathrm{w}} \tag{4-13}$$

（3）γ_{m} 为基础底面以上土的加权平均重度（$\mathrm{kN/m^3}$），位于地下水位以下的土层取有效重度，即土层位于地下水位以下时，土层有效重度取土的重度减去水的重度，计算公式如下：

$$\gamma_{\mathrm{m}}=\frac{\sum_{i=1}^{n}\gamma_i z_i}{\sum_{i=1}^{n} z_i} \tag{4-14}$$

（4）d 为基础埋置深度，基础顶面至室外地面标高的距离，在填方整平地区，可自填土地面标高算起，但填土在上部结构施工后完成时，应从天然地面标高算起。对于地下室，如采用箱型基础或筏基时，基础埋置深度自室外地面标高算起；当采用独立基础或条形基础时，应从室内地面标高算起。

（5）η_{b}、η_{d} 为基础宽度和埋置深度的地基承载力修正系数，现行国家标准《建筑地基基础设计规范》GB 50007 提供了在各种不同土层下修正系数的建议取值，如表 4-2 所示。

表 4-2 承载力修正系数

土的类别		η_b	η_d
淤泥和淤泥质土		0	1.0
人工填土		0	1.0
孔隙比或液性指数大于或等于 0.85 的黏性土		0	1.0
红黏土	含水比大于 0.8	0	1.2
	含水比小于或等于 0.8	0.15	1.4
大面积压实填土	压实系数大于 0.95，黏粒含量大于或等于 10% 的粉土	0	1.5
	最大干密度大于 2100kg/m^3 的级配砂石	0	2.0
粉土	黏粒含量大于或等于 10% 的粉土	0.3	1.5
	黏粒含量小于 10% 的粉土	0.5	2.0
孔隙比和液性指数均小于 0.85 的黏性土		0.3	1.6
粉砂、细砂（不包括很湿和饱和时的稍密状态）		2.0	3.0
中砂、粗砂、砾砂和碎石土		3.0	4.4

注：含水比是指土的天然含水量与液限的比值；大面积压实填土是指填土范围大于 2 倍基础宽度的填土。

4. 软弱下卧层计算参数详解（图 4-16）

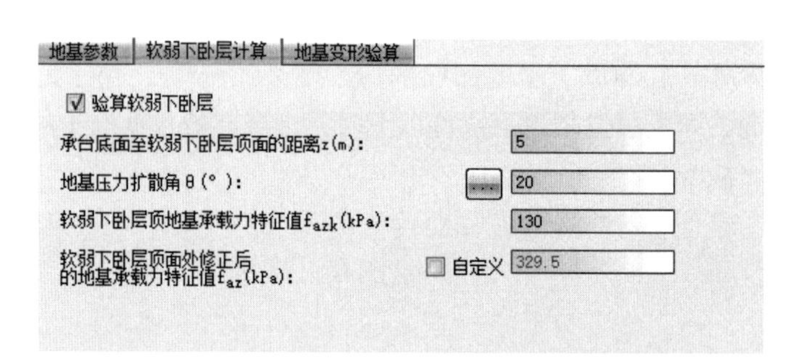

图 4-16 混凝土板式基础软弱下卧层验算设置界面

设计人员可查看项目《岩土工程勘察报告》，判别塔式起重机天然基础持力层以下土层是否存在软弱土层，如地基受力层范围内有软弱下卧层，应参照现行国家标准《建筑地基基础设计规范》GB 50007 进行软弱下卧层承载力计算，计算公式如下：

$$p_z + p_{cz} \leqslant f_{az} \quad (4\text{-}15)$$

式中 p_z——相应于作用的标准值时，软弱下卧层顶面处的附加压力值（kPa）；

p_{cz}——软弱下卧层顶面处土的自重压力值（kPa）；

f_{az}——软弱下卧层顶面处经深度修正后的地基承载力特征值（kPa）。

对矩形基础，软弱下卧层顶面处的附加压力值计算公式如下（图 4–17）：

$$p_z = \frac{lb\left(p_k - p_c\right)}{(b + 2z \times \tan\theta) \times (l + 2z \times \tan\theta)} \tag{4–16}$$

式中 b、l——矩形基础底边的宽度和长度（m）；

p_k——相应于标准组合时，基础底面处的平均压力值（kPa）；

p_c——基础底面处土的自重压力值（kPa）；

z——基础底面至软弱下卧层顶面的距离（m）；

θ——地基压力扩散线与垂直线的夹角（°），简称压力扩散角，可根据土层压缩模量比值，按照现行国家标准《建筑地基基础设计规范》GB 50007 进行查找。

软弱下卧层顶面处土的自重压力值（kPa）计算公式如下：

$$p_{cz} = \sum {}_i \times d_i \tag{4–17}$$

软弱下卧层顶面处经深度修正后的地基承载力特征值（kPa）计算如下：

$$f_{az} = f_{ak} + \eta_d \times \gamma_m \times \left(d + z - 0.5\right) \tag{4–18}$$

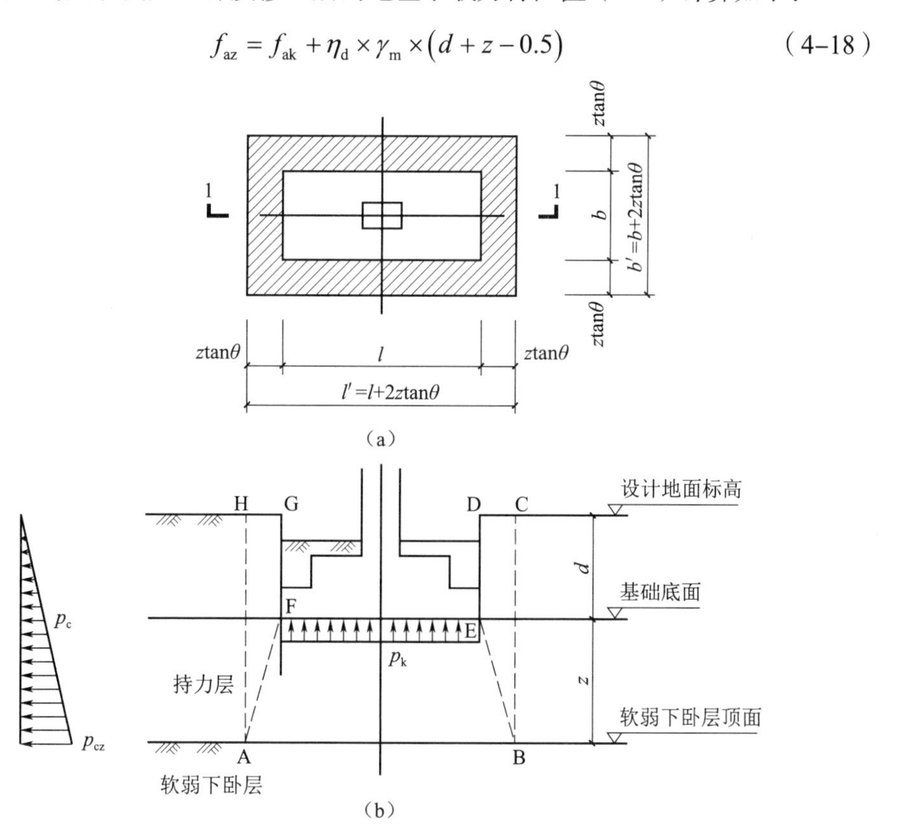

图 4–17 基础软弱下卧层验算示意图

（a）平面图；（b）1—1 剖面图

5. 地基变形验算参数详解（图 4–18）

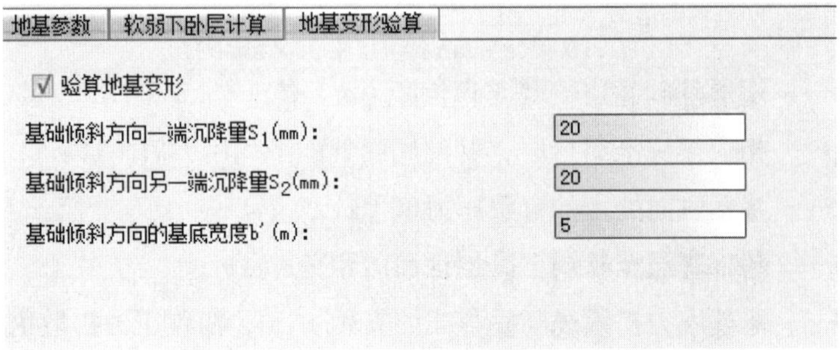

地基参数 软弱下卧层计算 地基变形验算

☑ 验算地基变形

基础倾斜方向一端沉降量S_1(mm): 20

基础倾斜方向另一端沉降量S_2(mm): 20

基础倾斜方向的基底宽度b′(m): 5

图 4–18 混凝土板式基础地基变形验算设置界面

当地基主要受力层的承载力特征值不小于130kPa或小于130kPa但有地区经验，且黏性土的状态不低于可塑（液性指数小于0.75）、砂土的密实度不低于稍密（标准贯入试验锤击数大于10）时，可不进行塔机基础的天然地基变形验算。

当塔机基础有下列情况之一时，应进行地基变形验算：

（1）基础附近地面有堆载作用；

（2）地基持力层下有软弱下卧层。

基础下的地基变形计算可按现行国家标准《建筑地基基础设计规范》GB 50007的规定执行。基础的沉降量不得大于50mm，倾斜率不得大于0.001，且应按下式计算：

$$\tan\theta = \frac{|s_1 - s_2|}{b} \qquad (4\text{–}19)$$

式中 $\tan\theta$——倾斜率；

θ——基础底面的倾角（°）；

s_1、s_2——塔机使用期间基础倾斜方向两边缘的最大沉降量（m）；

b——基础倾斜方向的基底宽度（m）。

4.3.2 混凝土桩基础软件计算参数详解

（1）上部荷载参数详解见第4.3.1节板式混凝土基础参数（图4–19）。

（2）桩基础参数详解（图4–20）：

1）桩数量：

设计人员根据选用基桩的尺寸和长度，先估算单根桩的承载力特征值，通过查阅塔机使用说明书，查阅标准组合下上部结构的轴向力和X向及Y向弯矩值，初步核算桩布置数量。根据现行行业标准《塔式起重机混凝土基础工程技术标准》

JGJ/T 187 的规定，基桩宜均匀布置，基桩不宜少于 4 根。边桩中心至承台边缘的距离不应小于桩的直径或截面边长，且桩的外边缘至承台边缘的距离不应小于 250mm。为节约成本，优先选用 4 根。当桩的验算结果不通过时，可采用 5 根。

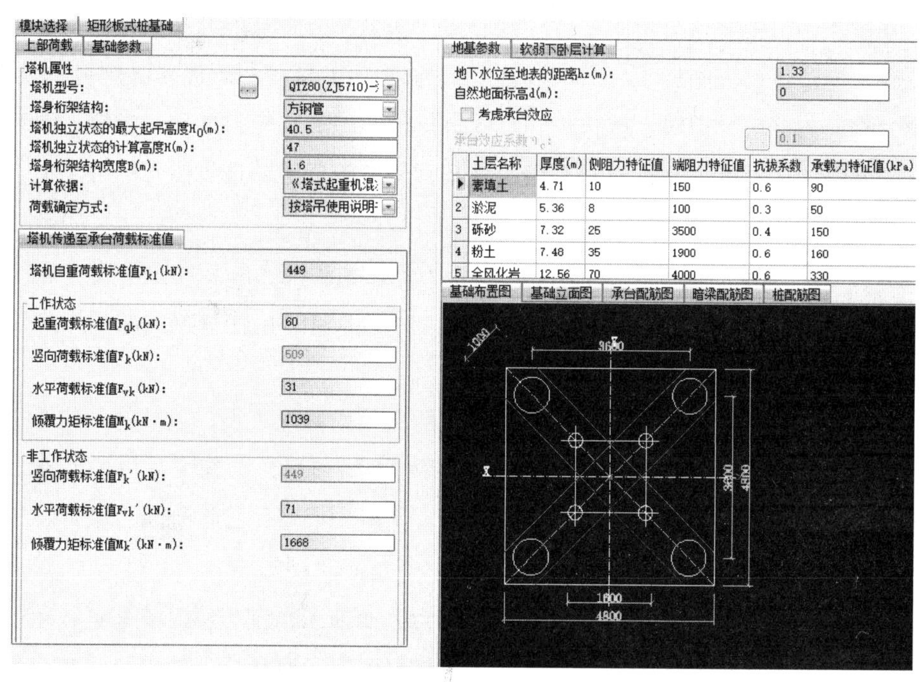

图 4–19　矩形板式桩基础上部荷载参数设置界面

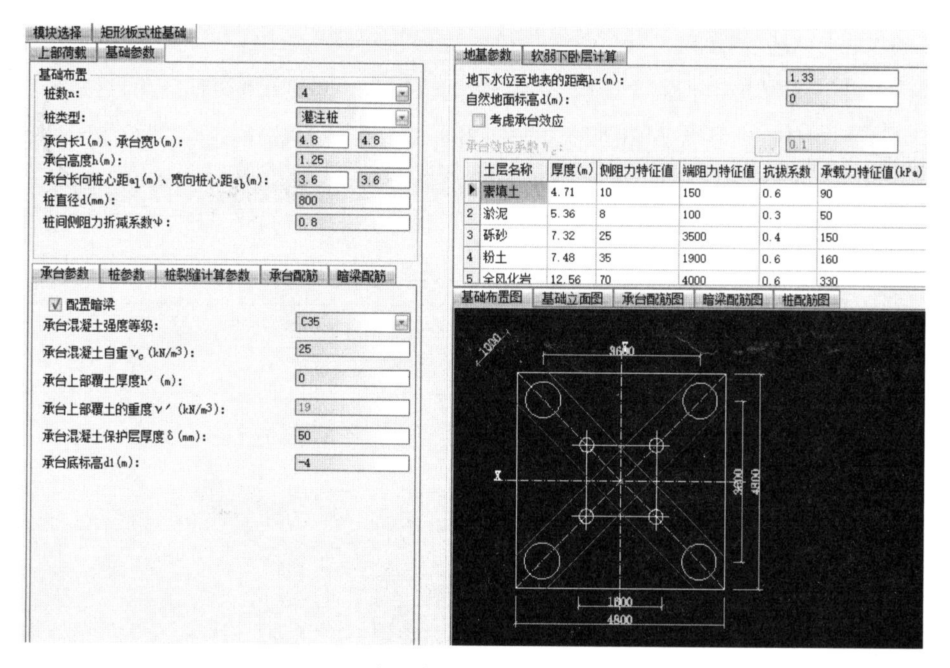

图 4–20　矩形板式桩基础参数设置界面

2）桩类型：

软件提供了两种桩：灌注桩及预制桩。预制桩根据截面形式及工艺不同，提供以下几种形式：预制圆桩、预应力管桩、预制实心方桩、预应力空心方桩。

其中预制桩工业化生产中未施加预应力，而预应力管桩是混凝土钢筋复合材料在混凝土生产过程中施加预应力的混凝土结构,预应力桩有利于提高桩抗裂承载力，对承受拉应力的桩，即对于抗拔桩和抗压抗拔桩，施加预应力能延迟裂缝的出现。

为方便施工，宜用与建筑同类型的桩基，也可参考地勘报告推荐的桩类型。

3）承台尺寸及桩布置位置：

承台宜采用截面高度不变的矩形板式或十字形梁式承台，截面高度不宜小于1200mm，且应满足塔机使用说明书的要求。桩基承台的长度及宽度同步考虑经济性和安全性综合确定。

边桩中心至承台边缘的距离不应小于桩的直径或截面边长，且桩的外边缘至承台边缘的距离不应小于250mm。基桩靠近承台边缘布置，即加大了桩中心距，有利于减少单桩在倾覆力矩下的竖向力，但加大了桩中心距，将增加承台尺寸，增加承台造价。

桩直径的选择，当采用预应力管桩时，为方便施工，宜与建筑桩基直径相同。当采用灌注桩时，综合考虑现场施工机械和材料配置，选择合适的桩径，减少大型机械的重复进出场，减少机械费用。

桩间侧阻力折减系数：现行行业标准《建筑桩基技术规范》JGJ 94规定了基桩的最小中心距，当基桩中心距大于最小中心距时，可以不考虑桩间侧阻力的折减。当桩间距小于规定值时，桩间侧阻力应进行适当折减，折减系数建议值可取0.8，桩间距越小，折减系数可相应减小。桩中心距建议取标准规定的最小值，如表4–3所示。

表4–3　挤土桩和非挤土桩基桩最小中心距

土类与成桩工艺		排数不少于3排且桩数不少于9根的摩擦型桩基	其他情况
非挤土灌注桩		3.0d	3.0d
部分挤土桩	非饱和土、饱和非黏性土	3.5d	3.0d
	饱和黏性土	4.0d	3.5d
挤土桩	非饱和土、饱和非黏性土	4.0d	3.5d
	饱和黏性土	4.5d	4.0d

注：d为圆桩设计直径或方桩设计边长。

基桩最小中心距规定基于两个因素确定：第一个因素，有效发挥桩的承载力，群桩试验表明对于非挤土桩，桩距 3 ～ 4d 时，侧阻和端阻的群桩效应系数接近或略大于 1：砂土、粉土略高于黏性土。考虑承台效应的群桩效率则均大于 1，但桩基的变形因群桩效应而增大，亦即桩基的竖向交承刚度因桩土相互作用而降低。

基桩最小中心距所考虑的第二个因素是成桩工艺。对于非挤土桩而言，无须考虑挤土效应问题；对于挤土桩，为减小挤土负面效应，在饱和黏性土和密实土层条件下，桩距应适当加大。因此最小桩距的规定，考虑了非挤土、部分挤土和挤土效应，同时考虑桩的排列与数量等因素。

（3）承台参数详解，具体参数设置详见第 4.3.1 节（图 4–21）。

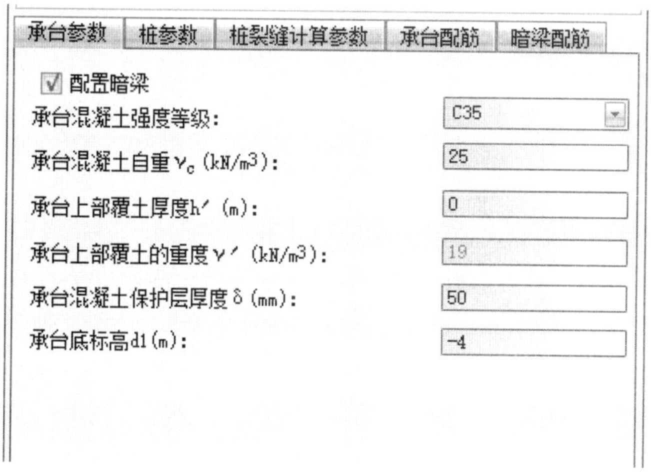

承台参数 | 桩参数 | 桩裂缝计算参数 | 承台配筋 | 暗梁配筋

☑ 配置暗梁

承台混凝土强度等级: C35

承台混凝土自重 γ_c (kN/m^3): 25

承台上部覆土厚度h′ (m): 0

承台上部覆土的重度 γ' (kN/m^3): 19

承台混凝土保护层厚度 δ (mm): 50

承台底标高d1 (m): -4

图 4–21 桩基础承台参数设置界面

承台的混凝土强度等级不应小于 C30，混凝土灌注桩的强度等级不应小于 C25，混凝土预制桩的强度等级不应小于 C30，预应力混凝土桩的强度等级不应小于 C40。

承台底面钢筋的混凝土保护层厚度，当有混凝土垫层时，不应小于 50mm，无垫层时不应小于 70mm。此外，尚不应小于桩头嵌入承台内的长度。

承台底标高为承台底面位置至天然地面之间的距离。因为地基参数输入的土层参数数据大多数情况下来源于项目《岩土工程勘察报告》，勘察报告给出的土层分布为场地未施工前的天然状态，为准确计算基桩承载力，桩顶标高（承台底标高）需符合实际情况，尤其是对于存在地下室的建筑，桩顶绝对标高要考虑地下室深度，当承台顶面与底板面标高相同，为底板面标高减去承台厚度。

（4）桩参数（图 4–22）：

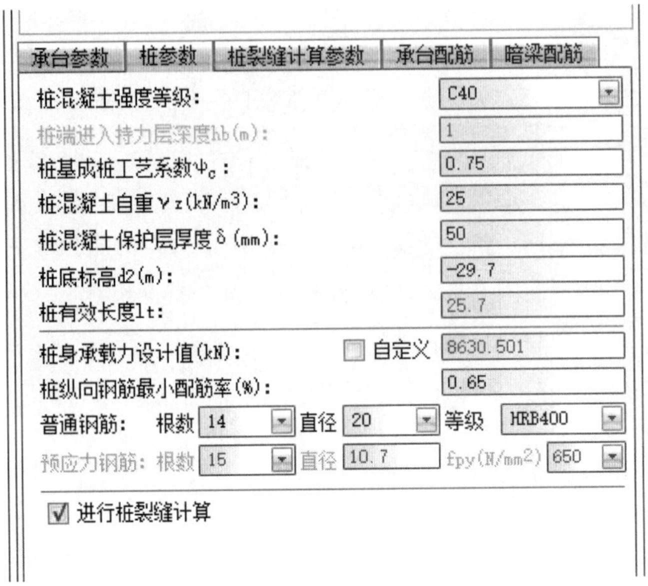

图 4–22　桩基础桩参数设置界面

1）桩混凝土强度等级：混凝土灌注桩的强度等级不应小于 C25，混凝土预制桩的强度等级不应小于 C30，预应力混凝土桩的强度等级不应小于 C40。

2）桩端进入持力层深度：

应选择较硬土层作为桩端持力层。桩端全断面进入持力层的深度，对于黏性土、粉土不宜小于 $2d$，砂土不宜小于 $1.5d$，碎石类土不宜小于 $1d$。当存在软弱下卧层时，桩端以下硬持力层厚度不宜小于 $3d$。

对于嵌岩桩，嵌岩深度应综合荷载、上覆土层、基岩、桩径、桩长诸因素确定；对于嵌入倾斜的完整和较完整岩的全断面深度不宜小于 $0.4d$ 且不小于 0.5m，倾斜度大于 30% 的中风化岩，宜根据倾斜度及岩石完整性适当加大嵌岩深度；对于嵌入平整、完整的坚硬岩和较硬岩的深度不宜小于 $0.2d$，且不应小于 0.2m。

d 为圆桩设计直径或方桩设计边长。

3）桩基成桩工艺系数：

当桩顶以下 $5d$ 范围的桩身螺旋式箍筋间距不大于 100mm，且配筋满足国家现行标准要求时，钢筋混凝土轴心受压桩正截面受压承载力按下式计算：'

$$N \leqslant \phi_c \times f_c \times A_{ps} + 0.9 \times f_y' \times A_s' \quad (4\text{–}20)$$

式中　基桩成桩工艺系数 ϕ_c 的取值影响桩基正截面受压承载力，其应按下列规定取值：

①混凝土预制桩、预应力混凝土空心桩：ϕ_c =0.85；

②干作业非挤土灌注桩：ϕ_c =0.90；

③泥浆护壁和套管护壁非挤土灌注桩、部分挤土灌注桩、挤土灌注桩：ϕ_c = 0.7 ～ 0.8；

④软土地区挤土灌注桩：ϕ_c =0.6。

4）桩混凝土自重同钢筋混凝土复合材料自重，取值 25kN/m^3。

5）桩混凝土保护层厚度：

灌注桩主筋混凝土保护层厚度不应小于 50mm；预制桩不应小于 45mm，预应力管桩不应小于 35mm；腐蚀环境中的灌注桩不应小于 55mm。

6）桩底标高：软件承台参数中输入桩顶标高，设计人员根据桩承载力取值及桩周土层分布情况估算桩长，桩底标高为桩顶标高减去桩长数值。

为便于施工，桩长建议取整数值。

7）桩纵向钢筋最小配筋率：

塔式起重机混凝土桩基础灌注桩纵筋、加强筋及箍筋布置图可参考图 4–23。纵向钢筋的最小配筋率，对于灌注桩宜为 0.20% ～ 0.65%（小直径桩取高值）；对于预制桩不宜小于 0.8%；对于预应力混凝土管桩的预应力钢筋不宜小于 0.45%。纵向钢筋应沿桩周边均匀布置，其净距不应小于 60mm，非预应力混凝土桩的纵向钢筋不应小于 8 根直径 12mm（HRB400）。圆形截面桩的箍筋应采用螺旋式，直径不应小于 6mm，间距宜为 200 ～ 300mm。桩顶以下 5 倍基桩直径范围内的箍筋间距应加密，间距不应大于 100mm，当基桩属抗拔桩或端承桩时，应等截面或变截面通长配筋。

8）桩裂缝计算：

对于临时性混凝土结构，可不考虑混凝土的耐久性要求，临时性混凝土结构是指使用年限低于 5 年的混凝土结构。

考虑塔机基础的基桩使用时间较短，抗拔桩可按允许出现裂缝的三级裂缝控制等级计算，可依据现行行业标准《建筑桩基技术规范》JGJ 94 的规定进行计算，其对于允许出现裂缝的三级裂缝控制等级的基桩，按荷载效应标准组合计算的最大裂缝宽度符合下式要求：

$$w_{max} \leqslant w_{lim} \tag{4–21}$$

式中　w_{lim}——抗拔桩最大裂缝限值，根据现行行业标准《建筑桩基技术规范》JGJ 94，建议取 0.2mm。

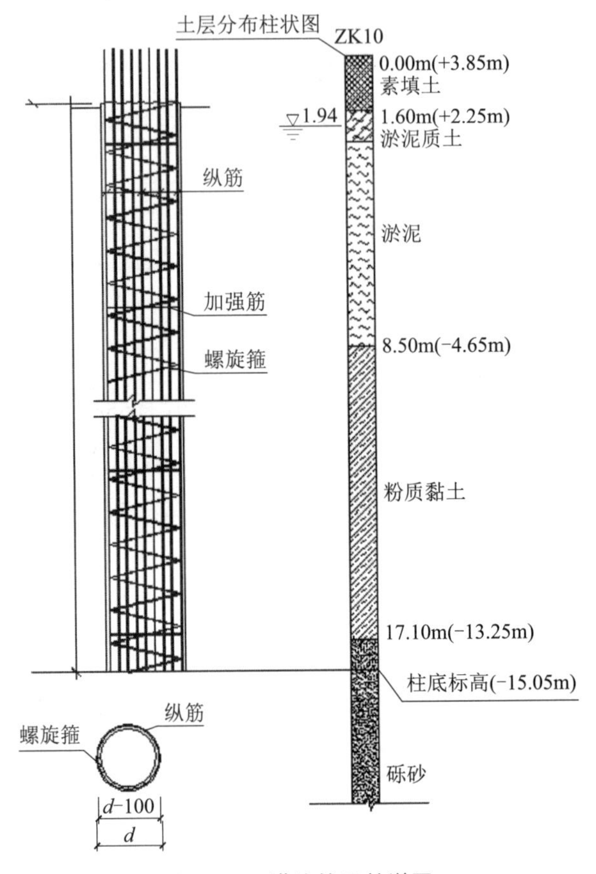

图 4–23 灌注桩配筋详图

（5）桩裂缝计算参数（图 4–24）：

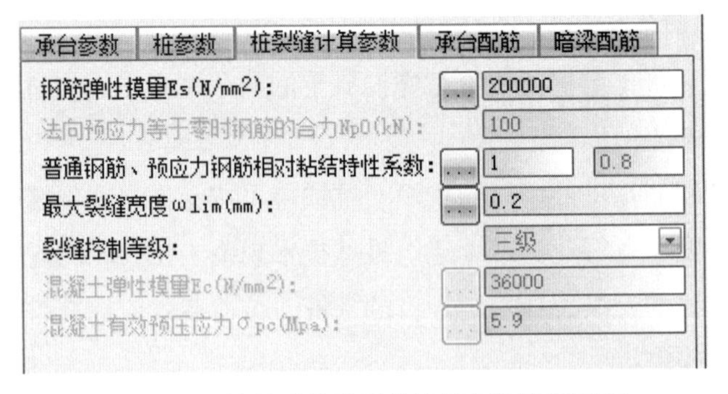

图 4–24 桩基础基桩裂缝计算参数设置界面

1）钢筋弹性模量。

弹性模量定义：材料在弹性变形阶段，其应力和应变成正比例关系（符合胡克定律），其比例系数称为弹性模量。弹性模量可视为衡量材料产生弹性变形难易程度的指标，其值越大，使材料发生一定弹性变形的应力也越大，即材料刚度越大，亦即在一定应力作用下，发生弹性变形越小。弹性模量是指材料在外力作用下产生单位弹性变形所需要的应力。它是反映材料抵抗弹性变形能力的指标，相当于普通弹簧中的刚度，是弹性材料的一种最重要、最具特征的力学性质，是物体弹性变形难易程度的表征。

现行国家标准《混凝土结构设计标准》GB/T 50010 给出普通钢筋和预应力筋的弹性模量 E_s 取值，如表 4–4 所示，设计值可根据选择钢筋的种类填写相应的弹性模量。

表 4–4 不同种类钢筋弹性模量

牌号或种类	弹性模量 E_s（$\times 10^5 N/mm^2$）
HPB300 钢筋	2.10
HRB400、HRB500、HRBF400、HRBF500、RRB400 预应力螺纹钢筋	2.00
消除应力钢丝、中强度预应力钢丝	2.05
钢绞线	1.95

2）普通钢筋、预应力钢筋相对粘结特性系数：关于受拉区纵向钢筋的相对粘结系数可参照现行国家标准《混凝土结构设计标准》GB/T 50010 选取，如表 4–5 所示，项目中较多使用的带肋钢筋相对粘结特性系数取值为 1.0。

表 4–5 普通钢筋、预应力钢筋相对粘结特性系数

钢筋类别	钢筋		先张法预应力筋			后张法预应力筋		
	光圆钢筋	带肋钢筋	带肋钢筋	螺旋肋钢丝	钢绞线	带肋钢筋	钢绞线	光面钢丝
相对粘结特性系数	0.7	1.0	1.0	0.8	0.6	0.8	0.5	0.4

注：对环氧树脂涂层带肋钢筋，其相对粘结特性系数应按表中数据的 80% 取用。

（6）承台及暗梁配筋参数（图 4–25）：

根据《塔式起重机混凝土基础工程技术标准》JGJ/T 187—2019 第 6.2.4 条：板式承台宜沿对角线布置暗梁。第 6.4.4 条：当板式承台基础下沿对角线交点布置有基桩时，宜在桩顶配置暗梁。

桩基础承台配筋参数可参考板式基础配筋参数设置详解，具体内容详见第 4.3.1 节。

承台参数 桩参数 桩裂缝计算参数 承台配筋 暗梁配筋

承台底部长向配筋：
直径(mm) 22 间距(mm) 160 等级 HRB400

承台底部短向配筋：
直径(mm) 22 间距(mm) 160 等级 HRB400

承台顶部长向配筋：
直径(mm) 22 间距(mm) 160 等级 HRB400

承台顶部短向配筋：
直径(mm) 22 间距(mm) 160 等级 HRB400

承台竖向连接筋：
直径(mm) 10 间距(mm) 500 等级 HRB400

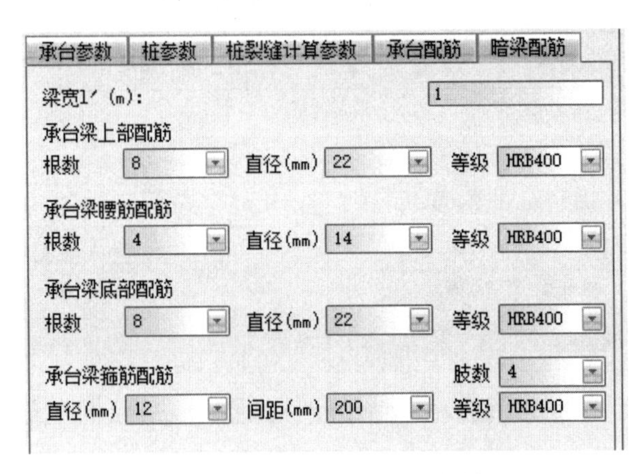

图 4–25　桩基础承台及暗梁配筋参数设置界面

（7）地基参数（图 4–26）：

地基参数 软弱下卧层计算

地下水位至地表的距离hz(m): 1.33

自然地面标高d(m): 0

考虑承台效应

承台效应系数η_c: 0.1

	土层名称	厚度(m)	侧阻力特征值	端阻力特征值	抗拔系数	承载力特征值(kPa)
▶	素填土	4.71	10	150	0.6	90
2	淤泥	5.36	8	100	0.3	50
3	砾砂	7.32	25	3500	0.4	150
4	粉土	7.48	35	1900	0.6	160
5	全风化岩	12.56	70	4000	0.6	330

图 4–26　板式桩基础地基参数设置界面

1）地下水位至地表的距离：根据项目《岩土工程勘察报告》实地勘察结果，将勘察报告给出的地下水位建议值输入软件中。

2）承台效应：考虑承台效应是考虑承台对承载力的提高作用，考虑承台对上部荷载的贡献作用，进而可优化基桩的数量。承台效应的相关内容可参考现行行业标准《建筑桩基技术规范》JGJ 94 进行详细了解。

当承台底为可液化土、湿陷性土、高灵敏度软土、欠固结土、新填土时，沉桩引起超孔隙水压力和土体隆起时，不考虑承台效应。实际施工时，土方机械往往扰动地基；故一般不考虑承台效应，可将承台效应作用作为承载力的安全储备。

3）各土层相关信息：各项目地质条件各不相同，尽管同区域土层分布相似，但各土层厚度分布有差异。设计人员应先勘察布孔图与桩位图进行叠图，识别需计算的基桩最近孔位，然后将勘察报告中对应孔号土层名称、厚度相关数据输入软件中，侧阻力特征值、端阻力特征值、抗拔系数、承载力特征值相关数据均依据勘察报告输入。

地基参数的合理性及正确性是软件计算是否合理的关键。

（8）软弱下卧层计算参数详解见第 4.3.1 节。

混凝土板式桩基础持力层下如存在软弱土层，应进行软弱下卧层计算（图 4–27）。

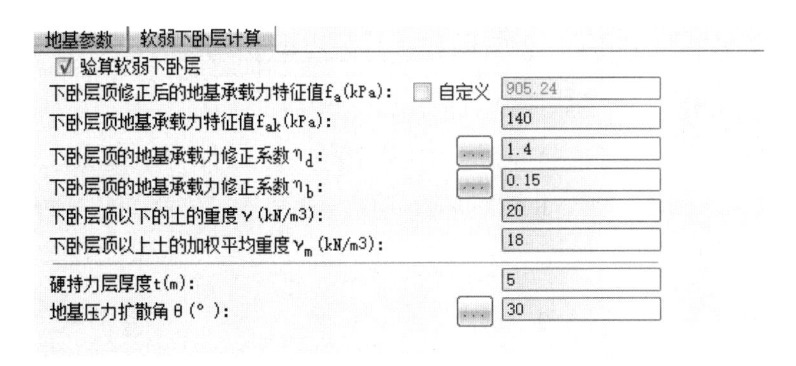

图 4–27　板式桩基础软弱下卧层计算参数设置界面

4.4　设备基础设计实例

4.4.1　工程概况

某 210m 超高层公共建筑项目，1 号酒店办公塔楼地上 38 层（含 4 层裙房），地下 4 层，为满足项目样板区开放节点要求，需额外增设一台塔式起重机用于塔楼主体结构抢工。

由于地下室主体结构已施工完成，裙房屋面暂未施工，塔楼施工至6层梁板，为避免结构梁板开洞以及避让已有塔式起重机，拟在裙房屋面上布置钢结构塔式起重机基础，塔式起重机荷载通过钢结构基础传递至屋面框架梁，再传递至结构柱，最终传递至裙楼基础。

塔式起重机安装前后现场照片如图4-28所示。

图4-28 塔式起重机安装前后现场照片

4.4.2 塔式起重机荷载作用位置及选型分析

1. 荷载作用位置（塔机定位）

由于塔楼已有一台塔式起重机，为保证双塔安全运行，塔式起重机基础设置在裙楼屋面B2-7～B2-8轴交B2-D轴处，塔式起重机设置位置如图4-29所示。

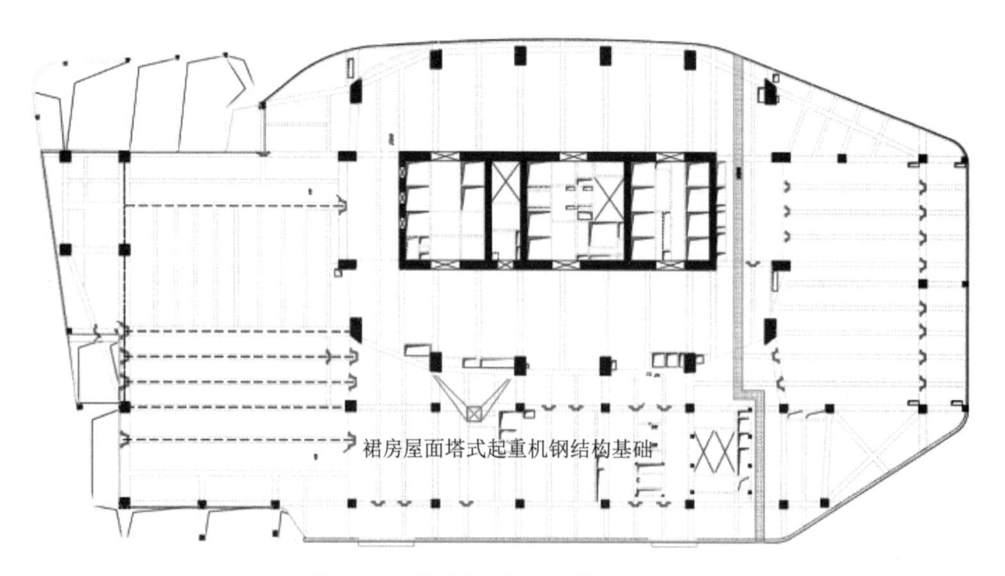

图4-29 塔式起重机设置位置平面图

2. 选型分析

为保证双塔安全运行，经过综合分析，采用中联重科平头塔式起重机 T6013A-6B，总高度 187m，臂长 40m，整机性能参数可参考中联重科相关产品介绍文件，其基础荷载、支腿反力如图 4-30 所示。

塔式起重机操作手册 ZOOMLION

表 4.9-6 40m 臂长基础载荷

塔身数量	塔高（m）	工况	M（kN·m）	H（kN）	V（kN）	T（kN·m）
1+3+3	20.8	工作工况	1276.9	16.1	539.0	157.7
		非工作工况	-715.2	63.4	406.6	0.0
1+3+4	23.6	工作工况	1336.0	17.0	549.3	157.7
		非工作工况	-720.3	67.4	416.9	0.0
1+3+5	26.4	工作工况	1400.2	17.9	559.6	157.7
		非工作工况	-726.3	71.4	427.2	0.0
1+3+6	29.2	工作工况	1470.0	18.8	569.9	157.7
		非工作工况	876.5	75.4	437.5	0.0
1+3+7	32.0	工作工况	1545.6	19.7	580.2	157.7
		非工作工况	1103.3	79.3	447.8	0.0
1+3+8	34.8	工作工况	1627.5	20.6	590.4	157.7
		非工作工况	1345.2	83.3	458.1	0.0
1+3+9	37.6	工作工况	1716.2	21.5	600.7	157.7
		非工作工况	1603.0	87.3	468.4	0.0
1+3+10	40.4	工作工况	1812.3	22.4	611.0	157.7
		非工作工况	1877.6	91.3	478.7	0.0
1+3+11	43.2	工作工况	1916.5	23.3	621.3	157.7
		非工作工况	2170.3	95.3	489.0	0.0
1+3+12	46.0	工作工况	2029.5	24.3	631.6	157.7
		非工作工况	2482.2	99.3	499.3	0.0

塔式起重机操作手册 ZOOMLION

表 4.9-13 40m 臂长支腿反力

塔身数量	塔高（m）	工况	工况1 (kN)				工况 2(kN)			
			RA	RB	RC	RD	RA	RB	RC	RD
1+3+3	20.8	工作工况	-245.4	514.9	514.9	-245.4	134.7	677.0	134.7	-407.5
		非工作工况	316.4	-113.1	-113.1	316.4	101.7	-202.1	101.7	405.4
1+3+4	23.6	工作工况	-259.6	534.3	534.3	-259.6	137.3	704.7	137.3	-430.1
		非工作工况	320.5	-112.1	-112.1	320.5	104.2	-201.7	104.2	410.1
1+3+5	26.4	工作工况	-275.2	555.0	555.0	-275.2	139.9	734.6	139.9	-454.8
		非工作工况	324.9	-111.3	-111.3	324.9	106.8	-201.6	106.8	415.3
1+3+6	29.2	工作工况	-292.3	577.2	577.2	-292.3	142.5	766.8	142.5	-481.8
		非工作工况	-124.6	343.3	343.3	-124.6	109.4	481.6	109.4	-262.8
1+3+7	32.0	工作工况	-310.9	601.0	601.0	-310.9	145.0	801.4	145.0	-511.4
		非工作工况	-183.8	407.8	407.8	-183.8	112.0	580.5	112.0	-356.6
1+3+8	34.8	工作工况	-331.3	626.6	626.6	-331.3	147.6	838.8	147.6	-543.6
		非工作工况	-247.0	476.0	476.0	-247.0	114.5	685.8	114.5	-456.8
1+3+9	37.6	工作工况	-353.6	654.0	654.0	-353.6	150.2	879.0	150.2	-578.7
		非工作工况	-314.2	548.4	548.4	-314.2	117.1	797.9	117.1	-563.7
1+3+10	40.4	工作工况	-377.9	683.4	683.4	-377.9	152.8	922.4	152.8	-616.9
		非工作工况	-385.7	625.1	625.1	-385.7	119.7	917.1	119.7	-677.7
1+3+11	43.2	工作工况	-404.5	715.1	715.1	-404.5	155.3	969.2	155.3	-658.6
		非工作工况	-461.9	706.4	706.4	-461.9	122.2	1043.9	122.2	-799.5
1+3+12	46.0	工作工况	-433.5	749.3	749.3	-433.5	157.9	1019.8	157.9	-704.0
		非工作工况	-543.0	792.7	792.7	-543.0	124.8	1179.0	124.8	-929.3

注：负数表示拉力，正数表示压力。

图 4-30 中联重科平头塔式起重机 T6013A-6B 基础荷载及支腿反力

4.4.3 塔式起重机基础荷载计算分析

根据塔式起重机说明书，塔机荷载参数如下：

1. 塔机基本属性（表 4-6）

表 4-6 塔机基本属性

塔机型号	T6013A-6B
塔机独立状态的最大起吊高度 H_0(m)	24.5
塔机独立状态的计算高度 H(m)	29.2
塔身桁架结构	方钢管
塔身桁架结构宽度 B(m)	1.8

2. 塔机荷载参数（表 4-7）

表 4-7 塔机荷载参数

工作状态		非工作状态	
荷载名称	取值	荷载名称	取值
塔机自重标准值 F_{k1}(kN)	437.5	竖向荷载标准值 F_k(kN)（垂直力 V）	437.5
起重荷载标准值 F_{qk}(kN)(工作垂直力 V—非工作垂直力 V)	132.4	水平荷载标准值 F_{vk}(kN)（水平力 H）	75.4
竖向荷载标准值 F_k(kN)（垂直力 V）	569.9	倾覆力矩标准值 M_k(kN·m)（弯矩 M）	876.5
水平荷载标准值 F_{vk}(kN)（水平力 H）	18.8	—	—
倾覆力矩标准值 M_k(kN·m)（弯矩 M）	1470.0		
扭矩标准值 T_k(kN·m)（扭矩 T）	157.7		

3. 塔机支腿反力（图 4-31）

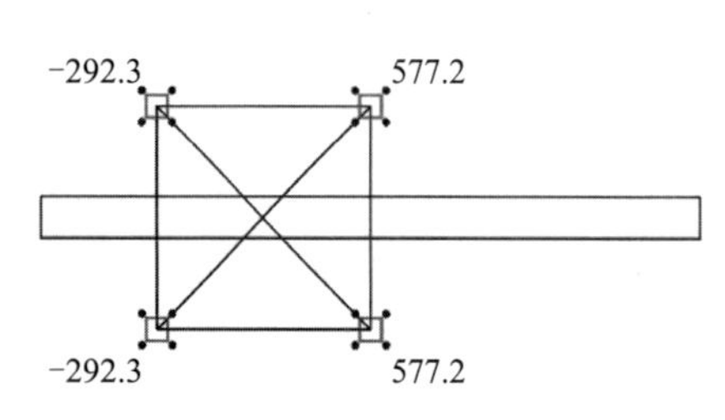

塔式起重机支腿反力设计值（工况1）

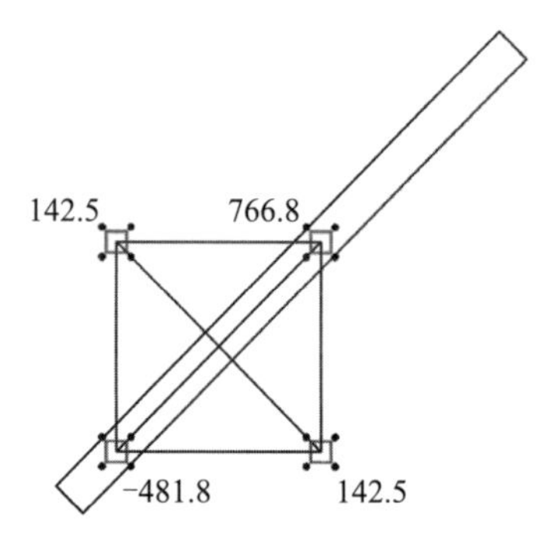

塔式起重机支腿反力设计值（工况2）

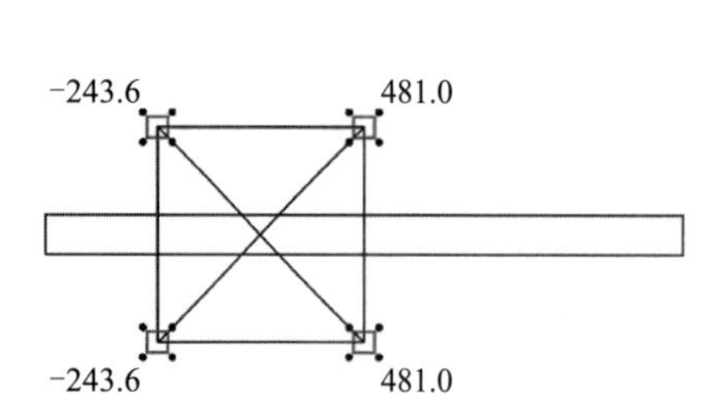

塔式起重机支腿反力标准值（工况1）

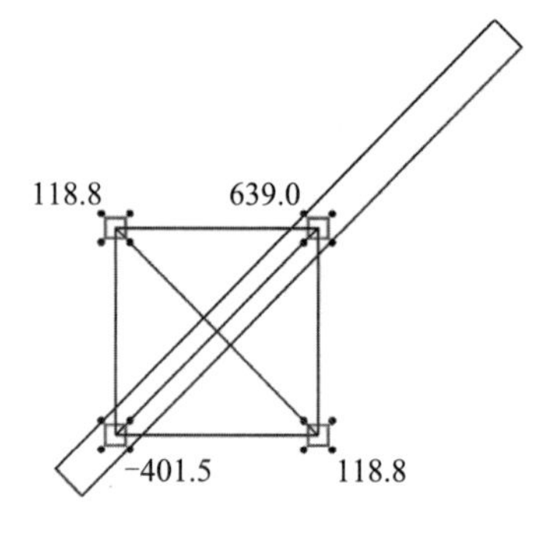

塔式起重机支腿反力标准值（工况2）

图 4-31 塔机两种工况下支腿反力示意图（单位：kN）

4.4.4 裙房结构复核及基础构件设计

1. 柱轴压比复核

（1）计算复核基于塔楼计算模型，需复核塔式起重机基础所在梁跨的两根柱子，如图 4–32 云线圈出范围所示。

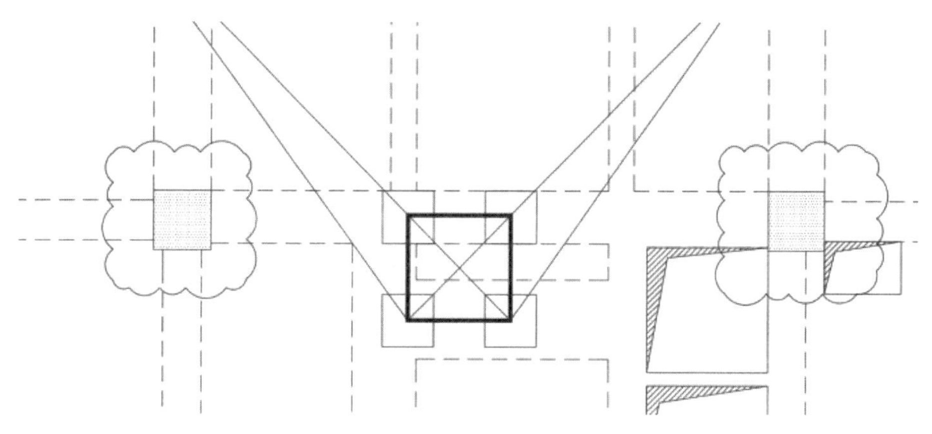

图 4–32　裙房塔式起重机区域结构柱示意图

（2）附加塔式起重机支座荷载后的模型，考虑新增塔式起重机在主体结构施工完拆除，使用期间穿插楼面粗装修施工，故除原结构附加恒载外，考虑楼面 $2kN/m^2$ 的施工活荷载（首层除外）。

（3）柱轴压比复核计算时，考虑到地震作用与塔式起重机工作工况不可能同时存在，故考虑采用塔式起重机非工作工况的支腿力作用在主结构梁上，如图 4–33 所示为塔式起重机支腿反力的两种工况。

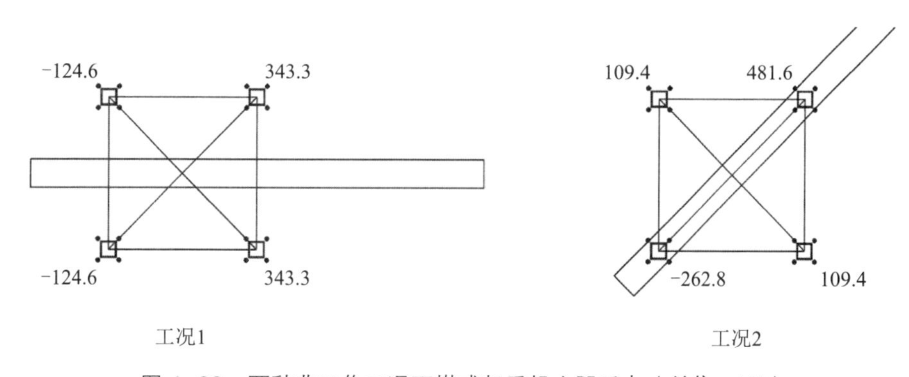

图 4–33　两种非工作工况下塔式起重机支腿反力（单位：kN）

由此可见工况 2 更不利，轴压比复核时，不考虑 –262.8kN 的有利作用，荷载输入如图 4–34 所示。

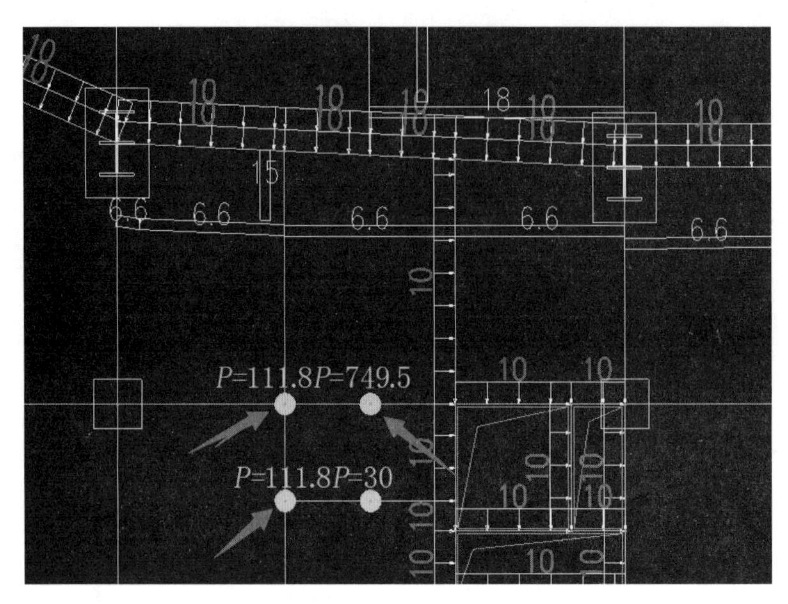

图 4-34 塔式起重机支腿反力作用于裙房计算模型示意图

（4）将原设计、附加塔式起重机荷载模型轴压比分列如表 4-8 所示。

表 4-8 建筑地下 2~4 层柱轴压比计算对比表

楼层	原设计轴压比
-2F	(0.91) 3.8 2.8 23 53 G0.8-0.8 42-12-0 15-29-33 G6.1-0.0 G0.8-0.8 0-0-0 33-37-37 (0.91) 3.8 2.8 32 G6.1-0.0
-1F	(0.79) 3.8 3.3 28 G0.8-0.8 43-15-0 23-28-32 G5.5-0.0 G0.8-0.8 0-0-0 32-35-35 G1.0-0.8 0-15-47 35-31-25 (0.82) 3.8 3.3 28 G1.2-0.8 56-15-0 30-37-42
1F	(0.84) 3.8 G2.8-2.8 52-42-31 29-15-15 VT13.4-0.5 G5.7-0.0 G1.0-0.8 31-15-0 15-36-40 G0.8-0.8 0-0-0 39-40-38 G1.0-0.8 0-15-43 39-34-23 VT5.0-0.1 (0.87) 3.8 3.0 23 G5.7-0.0
2F	3.8 G3.2-3.2 51-40-29 28-15-15 VT16.4-0.6 G4.5-0.2 G1.1-0.9 29-15-0 15-37-40 G0.8-0.8 0-0-0 40-40-37 G1.0-0.8 0-15-43 37-33-23 VT4.8-0.1 G0.3-0.3 (0.81) 3.8 2.7 23 G5.1-0.2

续表

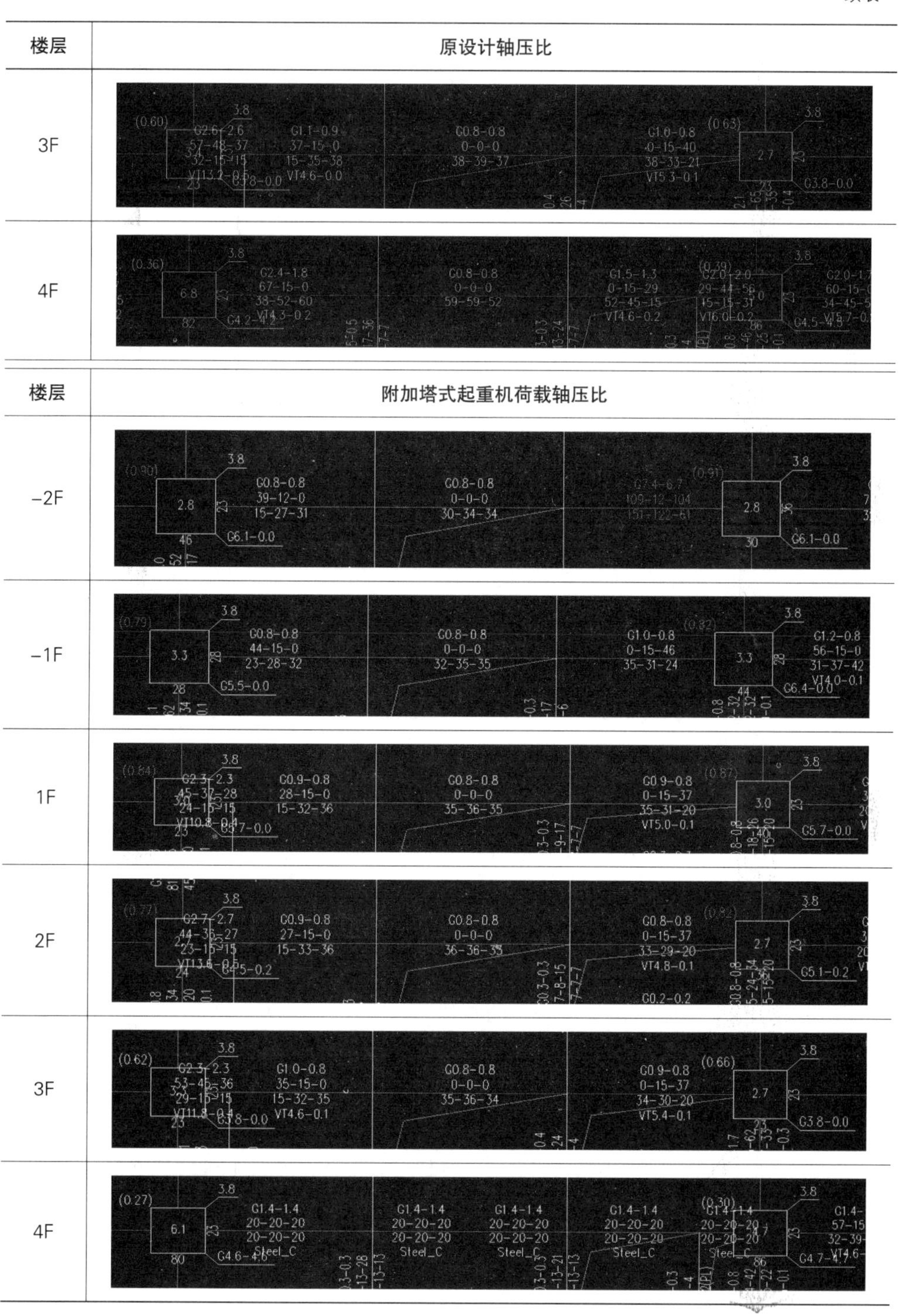

楼层	原设计轴压比
3F	
4F	

楼层	附加塔式起重机荷载轴压比
−2F	
−1F	
1F	
2F	
3F	
4F	

本项目采取井字复合箍，箍筋直径大于 12mm，间距不大于 100mm，考虑到井字复合箍可提高 0.1 的轴压比限值，根据复核，新增塔式起重机后柱轴压比均比原

设计小或是满足限值要求。

2. 梁承载力复核

承载力复核时，考虑将塔式起重机工作工况时的支腿力作用在结构梁上，直接将塔式起重机支腿力与原结构恒、活荷载叠加，如图 4–34 箭头所示为塔式起重机支腿力，两种工况如图 4–35 所示。

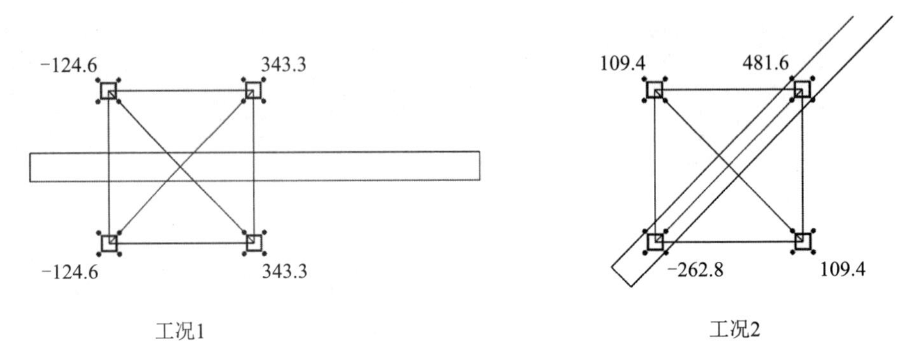

图 4–35 两种工况下塔式起重机支腿反力（单位：kN）

（1）裙房屋面层配筋计算复核：按最不利荷载布置考虑，竖向拉力对于结构有利不输入，按竖向压力考虑，在计算模型中分别加载工况 1、工况 2，根据计算结果调整塔式起重机基础周边屋面梁截面、强度，如表 4–9 所示。

表 4–9 结构梁调整参数

梁编号	原设计尺寸（mm）	修改后尺寸（mm）	原设计混凝土强度等级	修改后混凝土强度等级
WKL20	600×800	800×1000	C35	C60
L40	200×400	1200×600	C35	C60
L6（左）	400×800	1000×800	C35	C60
L6(右）	400×800	600×800	C35	C60
WKL18	600×800	未修改	C35	C60

（2）对地下室 –2 层至裙房 4 层柱强度、柱配筋复核后，对局部 5 层梁做加强后满足承载要求。

3. 钢结构基础构件设计

根据塔基荷载及支座反力，使用理正结构设计工具箱钢结构模块进行计算，具体做法详图如图 4–36、图 4–37 所示。

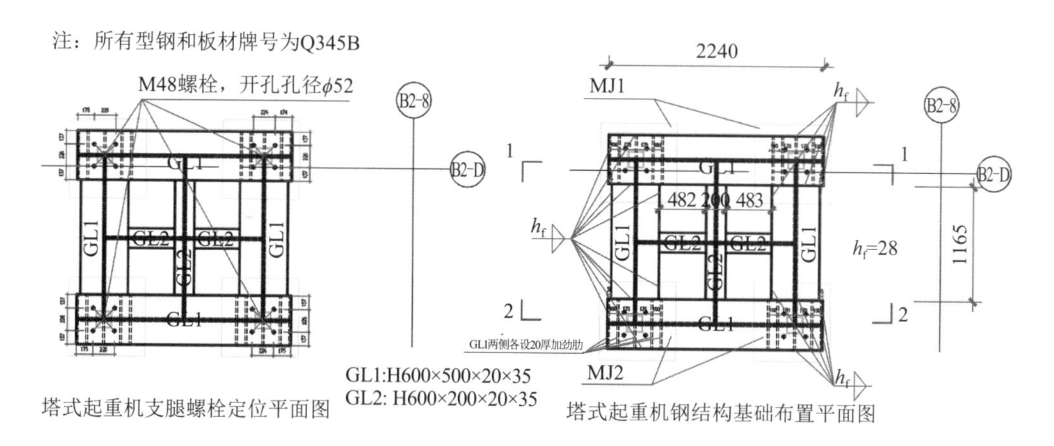

注：所有型钢和板材牌号为Q345B

GL1两侧各设20厚加劲肋

GL1

GL2

250

7ϕ25双向设置

La

图 4-36 钢结构基础部分图纸示意图

图 4-37 项目塔式起重机基础现场施工照片

5
设备附墙计算

如今的高楼或拉索桥梁中的桥柱，其高度往往超过 100m，有的甚至达到 300m 以上，如需采用外附着式塔式起重机完成施工，塔式起重机的吊臂高度应当超过每个施工阶段最大建筑物高度 5 ～ 10m。普通塔式起重机的独立式高度主要受限于两个方面：一方面，随着独立高度增加，底部倾覆弯矩也会随着增加，倾覆弯矩达到极限值时塔机将会倾覆；另一方面，在循环荷载作用下，塔机顶部水平位移幅度大，让驾驶舱内的操作者感觉到明显的晃动感，将会大大降低工作效率。为了完成塔式起重机最大独立高度以上的使用要求，故将塔机通过若干道附着装置与已建造的建筑物相连，保证塔式起重机的使用安全可靠。

当塔机在独立工作状态下达到一定高度后，出于强度和稳定的需要，就必须将悬臂塔身进行附着支撑。随着塔式起重机使用高度的增加，塔机附着的次数也随之增加。现在很多建筑工程要求塔机使用高度逐渐增加，这使得塔机的附着次数也越来越多，同时对附着构件的要求也越来越高。特别是对于在地震或者台风频发区域工作的塔机，就更需要采取特殊附着措施，以确保附着构件在地震或台风发生时也能够正常发挥性能。因此，附着构件在附着式塔式起重机中扮演着很重要的角色（图 5-1）。但在工程实际中，从设计人员到使用者都没有对附着构件给予应有的重视，普遍认为只要塔式起重机本身稳定性足够，塔式起重机就不会发生倾覆、倒塌甚至塔身折断。

图 5-1　塔式起重机附墙件全景图

5.1　设备附墙件概要

在实际工程中，技术人员是依据配套的塔式起重机使用说明书来确定附着式塔式起重机的附着间距。在塔机配套使用说明书中会明确规定相应型号塔式起重机的无附着最大独立高度和各道附着高度。使用说明书上规定的附着间距除首次附着高度相对较大外，其余附着间距均相等且较小。甚至不同制造商对于相同型号塔式起重机的附着间距是不相同的，更有甚者是不同型号塔式起重机的配套使用说明书上各道附着的高度相同。在此不讨论制造商所给的附着间距是对是错，但这种现象至少说明附着式塔式起重机在附着问题的处理上是很混乱的。

因附着问题而影响塔机安全工作的主要原因有附着型式不合理、附着杆布置不当、附着杆的刚度不够以及设计计算失误等，造成附着构件不能正常发挥作用；有时受附着条件限制，附着距离远超过说明书上的附着最大距离，而施工单位只是简单地增加附着杆的长度，导致附着杆在使用过程中发生失稳，甚至有可能导致塔身上部变形过大而发生塔式起重机倒塌事故；塔机没有设置结实可靠的附墙锚固时，一旦拉结破坏也会导致塔身上部变形过大而发生事故。

5.1.1 设备附墙设施简介

本节主要是对固定式塔式起重机附墙件进行描述。固定式塔式起重机是指通过连接件将塔身基础固定在地基基础或结构物上，进行起重作业的塔式起重机。由于没有运行机构，因此塔机不能作任何移动。固定式塔式起重机分为塔身高度不变式和自升式。所谓自升式是指依靠自身的专门装置，增、减塔身标准节或自行整体爬升的塔式起重机。因此，它又可分为附着式塔式起重机和内爬式塔式起重机两种。

附着式塔式起重机，是指按一定间隔距离通过附着装置将塔身锚固在建筑物上的自升式塔式起重机。它是由普通上回转塔式起重机发展而来，塔身上部套有爬升套架，爬升套架顶部通过回转支承装置与回转的塔顶相连，塔顶端部用钢丝绳拉索连接吊臂和平衡臂。附着装置将附着式塔式起重机的塔身按一定的间隔距离要求，锚固于建筑物或基础上的支承件系统，由附着框、附着杆和附墙支座埋件等部件组成。它使塔身和已有建筑物连成一体，从而减少塔身的计算长度，提高塔身的承载能力。

一般附着式塔式起重机的高度超过 30 ～ 40m 就需要有附墙装置，在设置第一道附墙装置后，塔身每隔一定距离又需加设一道附着装置。附着装置由锚固环、附着构件组成。附着框由型钢、钢板拼焊成方形截面，用连接板与塔身腹杆相连，并与塔身主弦杆卡固。附着杆有多种布置型式，可以使用三根或四根杆件型式，根据施工现场情况确定。附着杆的受力大小取决于塔机附着外独立高度、塔机负荷条件、附墙距离、附着杆方位等。

将外附着式塔式起重机的负荷简化为轴向压力 N、顶部弯矩 M，顶部集中侧向荷载简化为水平荷载 Q，如图 5-2 所示。

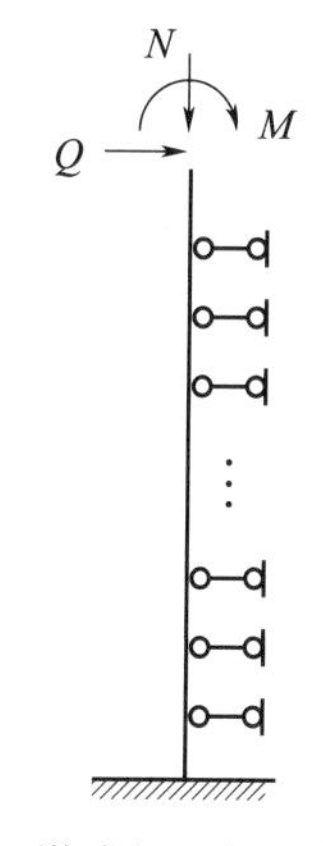

图 5-2 塔式起重机受荷简化图

5.1.2 设备附墙件构件分类及组成

附着式塔式起重机的附着装置分成附着框、附着杆和附墙支座埋件三部分进行设计，并采用铰接的形式连接，以便附着杆件的拆卸周转。虽然附着构件是保证塔身高度超过无附着最大独立高度后能否安全使用的关键，但附着装置能够很好地发挥功效，附着装置的传力链上每一环都至关重要：塔身标准节→附着框→附着杆→附墙支座→建造物。附着装置是通过链式传力方式，即传力链中任何构件发生破坏都会使附着装置失效，即有可能导致塔机发生倾覆破坏。附着框、附着杆和附墙支座的连接构造是决定附着能否达到预期功能的关键。

目前塔机的附着方式各式各样，但不论以何种方式附着，其主要目的是保证塔机的整体稳定性。附着装置分为柔性附着装置和刚性附着装置。

（1）柔性附着装置是以连系构件为拉索的附着装置，柔性附着也称为拉索附着。柔性附着一般由附着框、柔性缆绳、张紧器、附着支座、预埋件等组成，缆绳一般为水平布置，分布在塔身周围，缆绳一般有井字形、十字形、星形布置方式。柔性附着主要结构型式如图 5-3 所示。

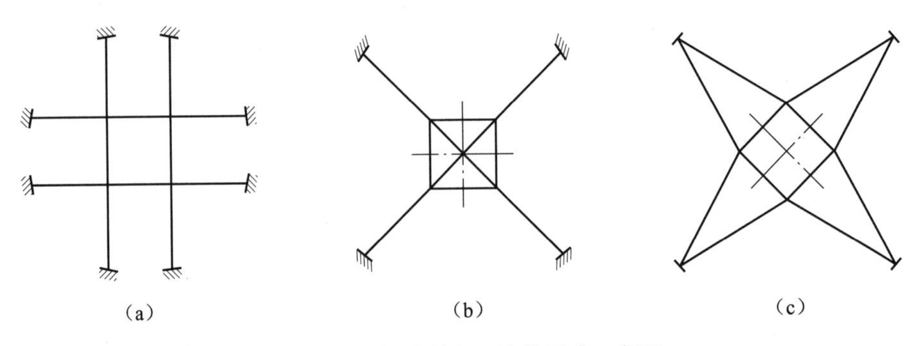

图 5-3 柔性附着主要结构型式示意图

（a）井字形柔性附着方式；（b）十字形柔性附着方式；（c）星形柔性附着方式

柔性附着装置通过柔性缆绳（拉索）的张力来保持塔式起重机整体稳定，安装时缆绳应施加适当的张力，以满足塔身垂直度要求。柔性附着立面图如图 5-4 所示。

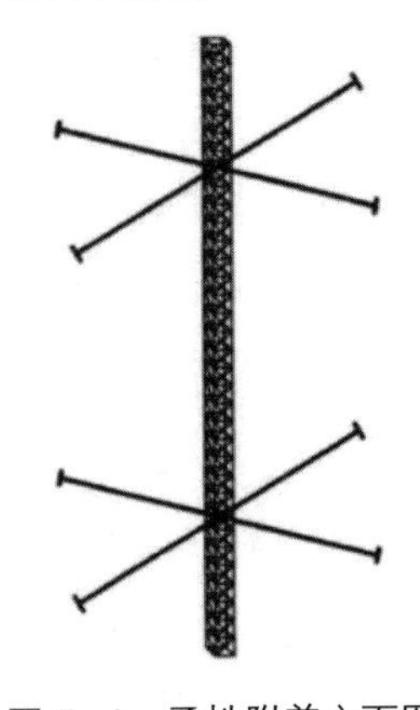

图 5-4 柔性附着立面图

（2）刚性附着装置是最常用的塔式起重机附着型式，其特点是支承系统由承受拉压的刚性杆件组成，附着构件为钢结构的附着装置，没有缆索等只能承受拉力的柔性单元。附着框、附着杆、附着支座、预埋件等的制作，首选塔式起重机原制造商，其次选择具有钢结构制造能力的企业，并由有经验的专业技术人员设计。

根据国内外塔机结构特点参数以及国外塔式起重机具体附着实例，并结合国产塔式起重机性能参数构造特点以及建筑现场施工方式的不同，以下三种塔机附着型式是目前国内常用的刚性附着型式，如图 5-5 所示。

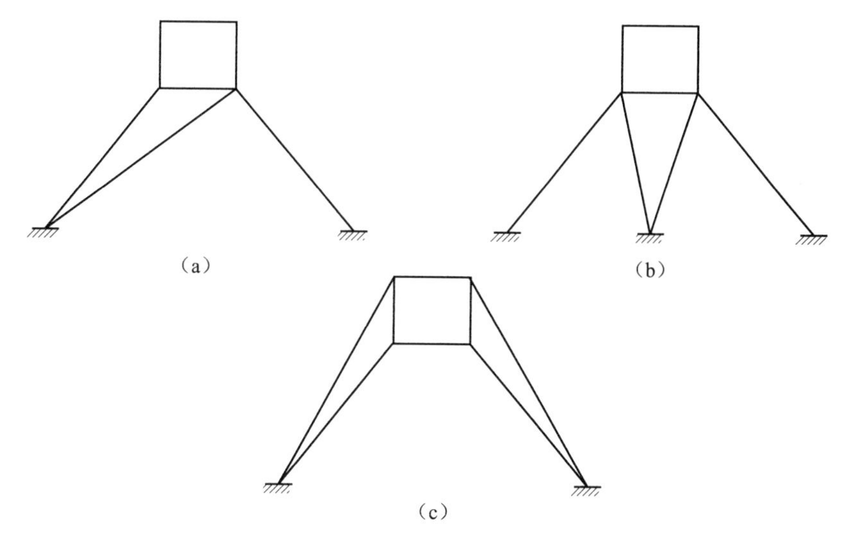

图 5-5 设备附墙件附着型式

（a）三杆式附着型式；（b）三支点四杆式附着型式；（c）两支点四杆式附着型式

三杆式附着型式简单，结构为静定结构，故计算简单。三杆式附着杆可设计为型钢截面、型钢组合截面和格构式结构，但是塔机与建筑物之间的附着距离不宜过大。三支点四杆式附着方式的附墙附着点需三个支点，需要按超静定进行设计计算。其四根撑杆一般也设计为型钢截面、型钢组合截面和格构式结构。这种附着型式一般是为解决附着距离较大的实际工程问题。第三种附着型式结构也较为简单，且附墙的附着点为两个，也需超静定设计计算撑杆内力，同时撑杆对建筑物墙体的反力也较小，但这种附着结构对附着尺寸的限制较大，且附着距离不宜过大。针对不同的塔机、不同的建筑型式、不同的附着条件，采用不同的附着方式，以使塔式起重机能够安全简便地应用于各类工程中。

不论是何种附着方式，其布置形式都会对塔式起重机的性能产生重大影响。附着架的布置主要考虑三个因素：第一道附着架的附着高度、相邻附着架的间距、悬臂高度等。合理地布置附着架会增加塔式起重机的稳定性和使用寿命，反之则会导致塔式起重机受损甚至倾翻，从而造成巨大的经济损失。因此，合理设置附着架至关重要。

本章节主要是对塔机刚性附着装置进行详细说明，即附着连系构件以钢结构作为附着装置进行计算说明。

5.2 设备附墙设计基本规定

5.2.1 结构设计

附着式塔式起重机需对附着架进行结构设计，以下简要介绍计算步骤及计算方式。

（1）塔身内力及支反力计算：一般附着杆件可视为刚性约束，塔式起重机塔身可简化为一端悬臂的多支承连续梁，施工技术人员可根据相应计算手册或是相关软件，计算支座反力，支座反力即为附着杆提供的约束力。

（2）附着杆的内力计算：

附着杆的内力计算应考虑两种计算工况：

计算工况一：塔式起重机满载工作，起重臂顺塔身 x–x 轴或 y–y 轴，风向垂直于起重臂，如图 5–6（a）所示。

计算工况二：塔式起重机非满载工作，起重臂处于塔身对角方向，风由起重臂吹向平衡臂，如图 5–6（b）所示。

将附着杆简化为二力杆，即只考虑附着杆承受拉力或是压力的情况，最后按力矩平衡原理计算附着杆内力。

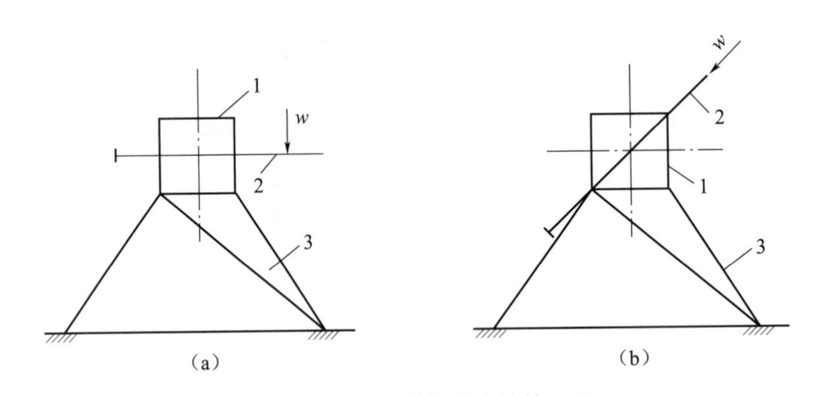

图 5–6 两种附着杆内力计算工况

（a）计算工况 1；（b）计算工况 2

1—锚固环；2—起重臂；3—附着杆；w—风力

（3）附着杆截面尺寸设计及复核：

1）附着杆长细比按下式计算：

$$\lambda = \frac{l_0}{i} \tag{5-1}$$

式中 λ——附着杆长细比，长细比取值不应大于国家现行标准要求；

l_0——附着杆计算长度，可取附着杆的实际长度；

i——附着杆截面的最小惯性半径。

2）杆件稳定性按下式计算：

$$\frac{N}{\varphi A} \leqslant f \tag{5-2}$$

式中 N——附着杆承受的轴力，可按塔式起重机使用说明书取用或是由计算取得；

A——附着杆毛截面面积；

φ——轴心受压杆件的稳定系数，可按现行国家标准《钢结构设计标准》GB 50017 计算步骤取用；

f——钢材的抗拉强度设计值，可按现行国家标准《钢结构设计标准》GB 50017 查表取用。

5.2.2 构造要求

（1）自升式塔式起重机的塔身接高到设计规定的独立高度后，须使用锚固装置将塔身与建筑物拉结（附着），以减少塔身的自由高度，改善塔式起重机的稳定性。同时，可将塔身上部传来的力矩，以水平力的形式通过附着装置传给已施工的结构。

（2）锚固装置的多少与建筑物高度、塔身结构、塔身自由高度有关。一般设置 2 ～ 4 道锚固装置即可满足施工需要。进行超高层建筑施工时，不必设置过多的锚固装置。因为锚固装置受到塔身传来的水平力，自上而下衰减很快，所以随着建筑物的升高，在验算塔身稳定性的前提下，可将下部锚固装置周转到上部使用，以便节省锚固装置费用。

（3）锚固装置由附着框架、附着杆和附着支座组成，如图 5-7 所示。塔身中心线至建筑物外墙之间的水平距离称为附着距离，大多为 4.1 ～ 6m，有时大至 10 ～ 15m。附着距离小于 10m 时，可用三杆式或四杆式附着形式，否则宜采用空间桁架。

（4）塔式起重机的附着（锚固装置）的安装与拆卸，应按使用说明书的规定进行。塔式起重机附着的建筑物，其锚固点的受力强度应满足塔式起重机的设计要求。附着杆系的布置方式、相互间距和附着距离等，应按出厂使用说明书的规定执行。有变动时，应另行设计。

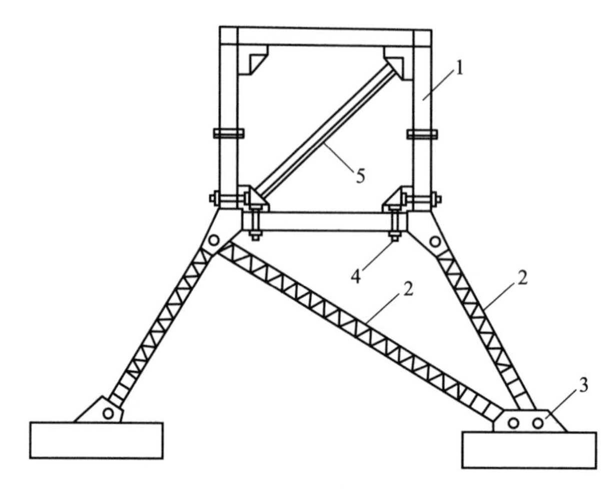

图 5-7　锚固装置的构造

1—附着框架；2—附着杆；3—附着支座；4—顶紧螺栓；5—加强撑

（5）装设附着框架和附着杆件，应采用经纬仪测量塔身垂直度，并应采用附着杆进行调整，在最高锚固点以下垂直度允许偏差为 2/1000；在附着框架和附着支座布设时，附着杆倾斜角不得超过 10°。

（6）应对布设附着支座的建筑物构件进行强度验算（附着荷载的取值，一般塔式起重机使用说明书中均有规定），如强度不足，须采取加固措施。构件在布设附着支座处应加配钢筋并适当提高混凝土的强度等级。

5.3　设备附墙件电算参数详解

设备附墙（三杆及四杆）件电算实例参数详解：

本节对塔式起重机附着杆类型、附着杆截面、允许长细比、塔式起重机型号、附着参数、格构柱参数等具体介绍如下：

1. 塔机附墙件基本参数详解（图 5-8、图 5-9）

（1）附着杆件：塔式起重机附着装置通常有三杆附着方式和四杆附着方式两种，软件提供两种形式。

三杆附着方式属于静定结构，其附着杆最大内力的计算相对比较简单，三杆体系结构型式简单便于安装；四杆附着方式属于超静定结构，其附着杆最大内力的计算相对比较复杂。安装难度大，需借助有限元软件对附着杆内力进行受力分析。相同外荷载条件下，四杆体系附着杆内力比三杆体系附着杆受力小；四杆体系附着杆单侧布置比两侧布置内力变化平稳。

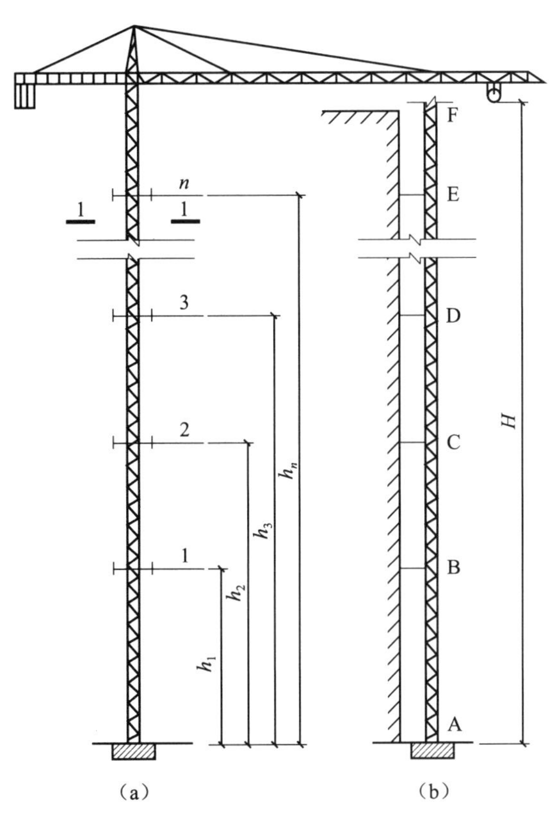

图 5-8 塔式起重机附墙件示意图

（a）附墙正立面；（b）附墙侧立面

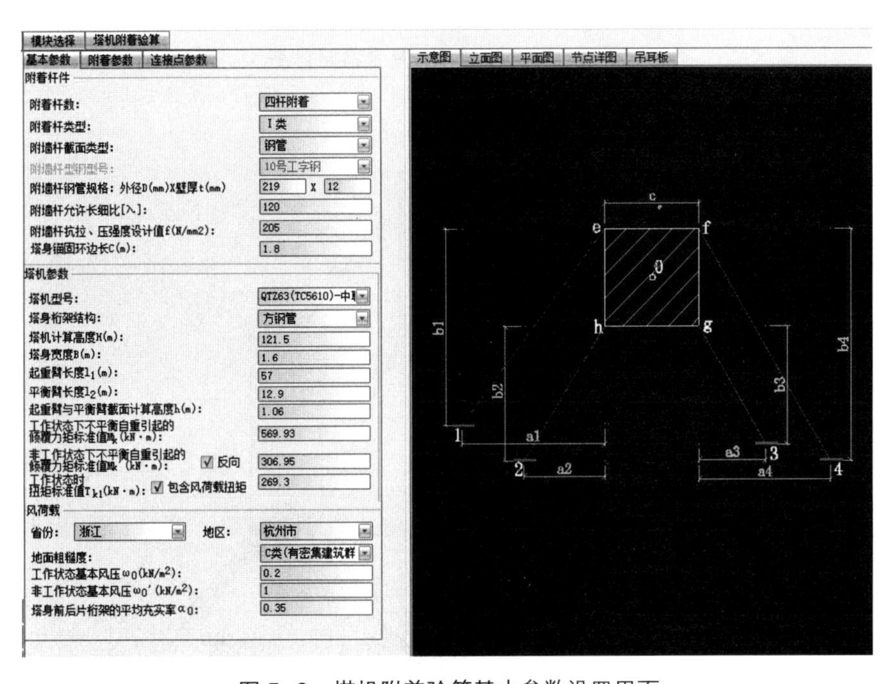

图 5-9 塔机附着验算基本参数设置界面

三杆体系附着角的合理角度在 40° ～ 55°，四杆体系附着角的合理角度为 35° ～ 50°，附着角过小，附着杆过长，增加了长细比的影响，故其承载能力会降低很多。

具体分布形式如图 5-10、图 5-11 所示。

图 5-10、图 5-11 中，a_1 ～ a_4 为附着点至塔机的横向距离，b_1 ～ b_4 为附着点到塔机的竖向距离。设计人员根据建筑物的抗侧构件布置情况以及塔机设置位置，综合确定附墙件的设置数量和设置区域。

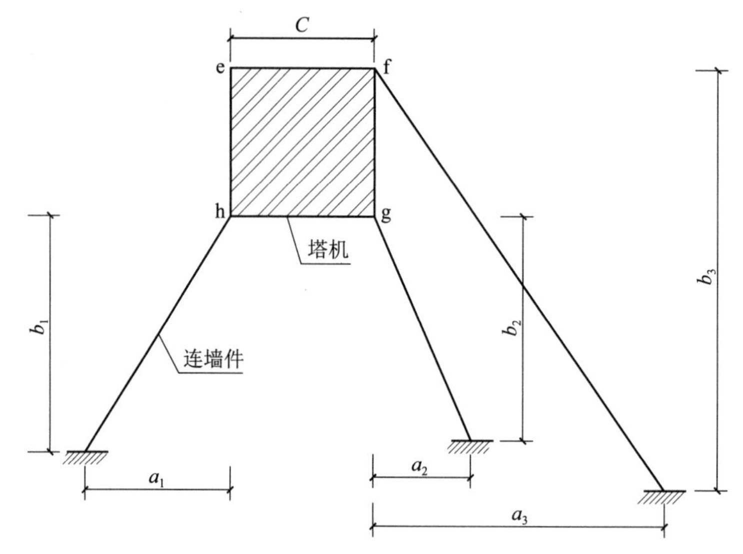

图 5-10 塔机三杆附着参数示意图

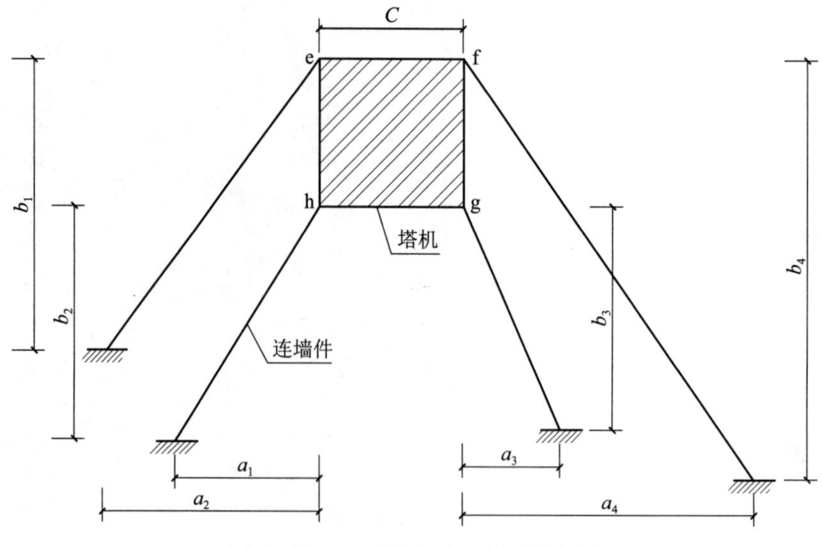

图 5-11 塔机四杆附着参数示意图

附着架的数量、安装部位及所承受的水平力和扭矩，由设计单位或生产厂家在使用说明书中给出。由于建筑物构造不同，塔机与建筑物的距离是变化的，附着架在建筑物的固定点是不确定的，所以在设计中一般只能考虑 1 ～ 2 种长度的撑杆。若符合原设计，附着架撑杆的强度及稳定性均无问题；如不符合，必须与生产厂家商定解决，进行专门设计，以满足使用要求。

在安装附着架之前，应从两个侧面检查塔身的垂直度，以避免塔身与建筑物间的距离出现偏差。附着框架上的斜腹杆必须安装。在拆卸塔机时，塔身高度降到规定高度前，附着架不能松开和拆卸。

（2）附着杆类型：

塔机附着验算中，三杆附着在软件中提供八种附着杆类型，图 5-12 中给出了六种附着杆设置形式。

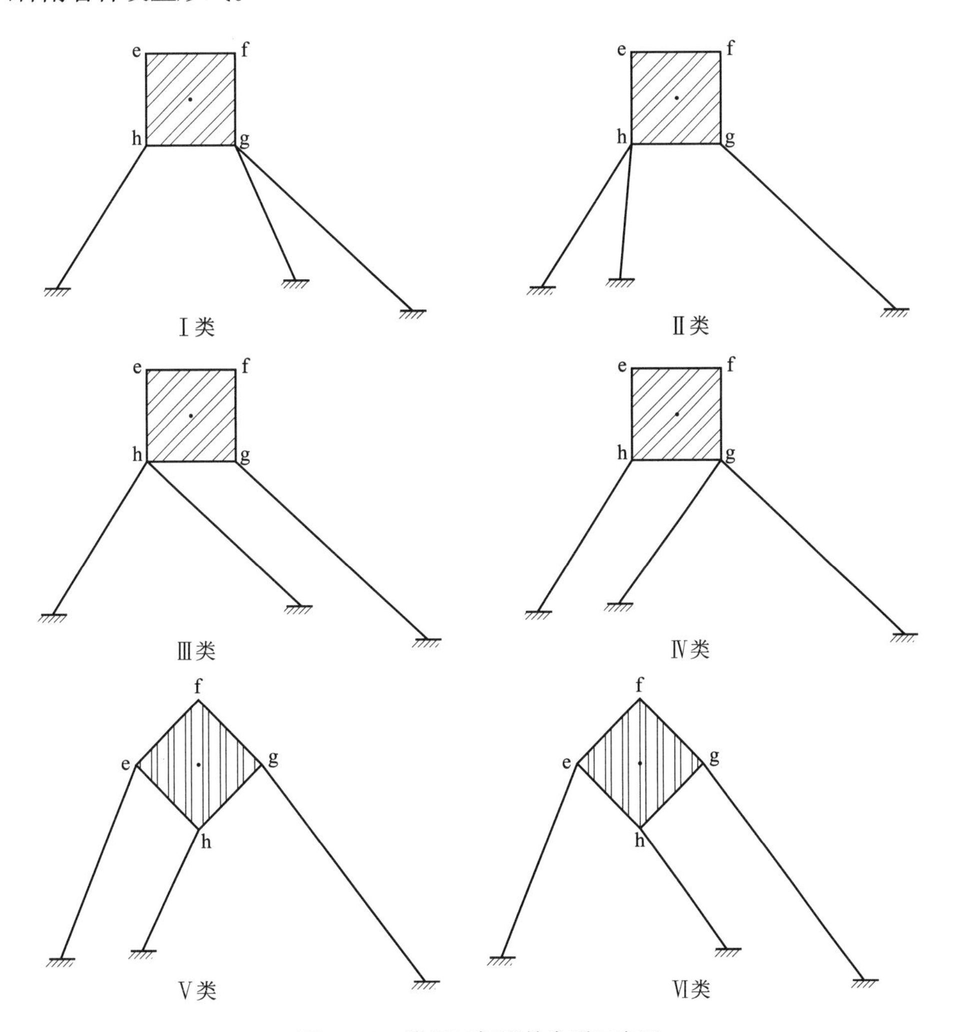

图 5-12 塔机三杆附着类型示意图

塔机附着验算中，四杆附着在软件中提供六种附着杆类型，图 5-13 中给出了六种附着杆设置形式。

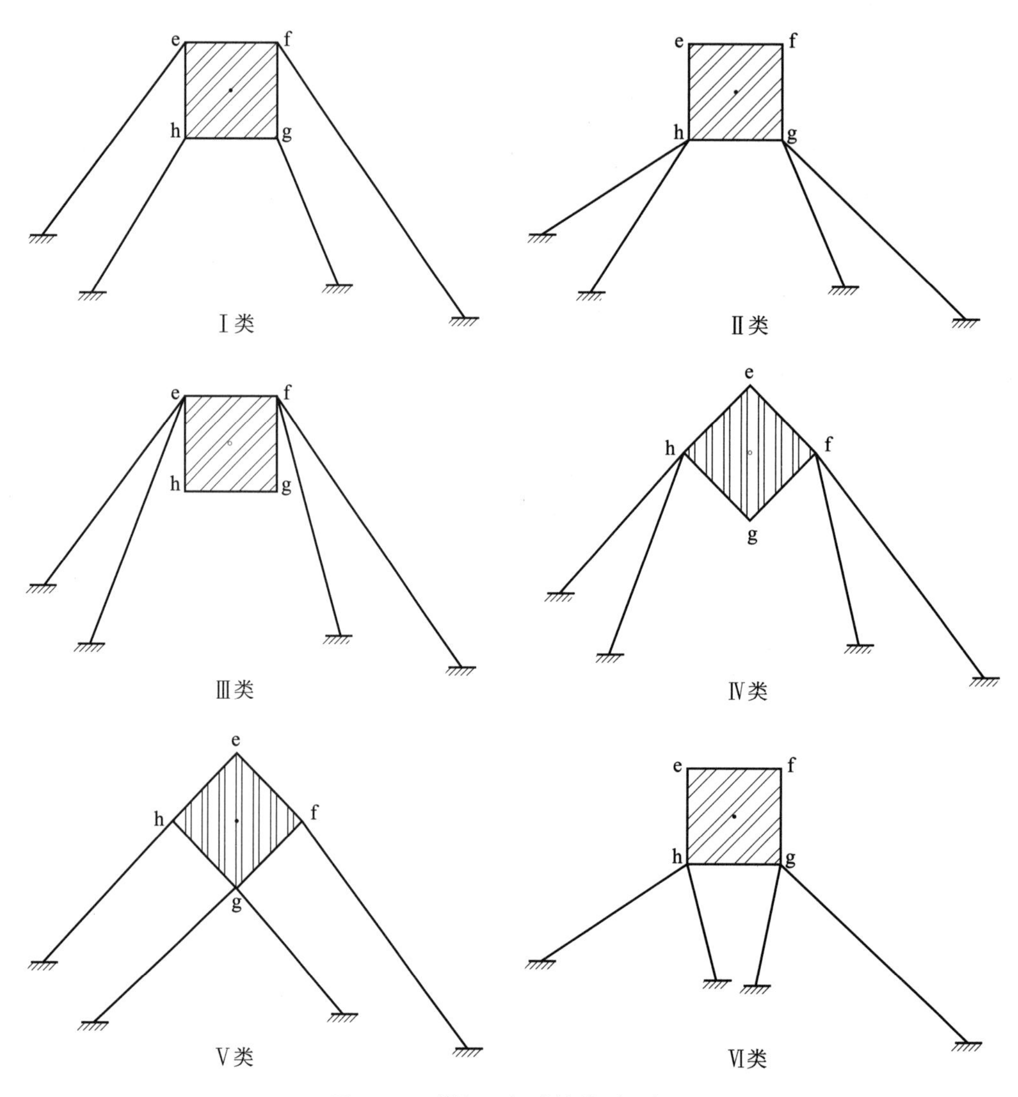

图 5-13 塔机四杆附着类型示意图

塔机连墙件宜设置成对称形式，当连墙件与竖直方向夹角越小时，连墙件所承受的来自塔机的轴向荷载越小，且连墙件长度也相对较小。连墙件由强度、稳定性和刚度（长细比）共同控制，计算中将连墙件简化为两端铰接的轴心受压及轴心受拉构件。因此，连墙件的设置综合考虑经济性及安全性。

附着框架一般安装在塔身标准节的中部腹杆上，其中心线与腹杆中心线在一个平面内，保持水平。应注意：附着框架不能任意地安装在标准节上，因为对于桁架结构来说，在两个节点之间特别是中间部位，弦杆的侧向刚度很小，不能承受较大的水平荷载，如在此处安装附着框架，塔机工作时由于水平荷载的作用，可能会发生弦杆失稳，从而对塔身造成破坏，引发安全事故。

锚固点一般应在丁字承重墙、外承重墙拐角处和经过加固或改造能承重的墙体。应对建筑施工单位提出特殊要求，必须在墙体内预埋支座并在该处增加配筋，提高局部承载能力，以利于水平荷载的传递。常规预埋件无法满足200mm厚墙体的预埋要求；特殊设计的附着预埋件太大，导致保护层变薄，在使用过程中墙体会慢慢开裂。

（3）附墙杆截面类型：软件提供的附墙杆类型有工字型、角钢、槽钢、钢管、格构柱、方钢管，各种杆件的截面形式如图5-14所示。

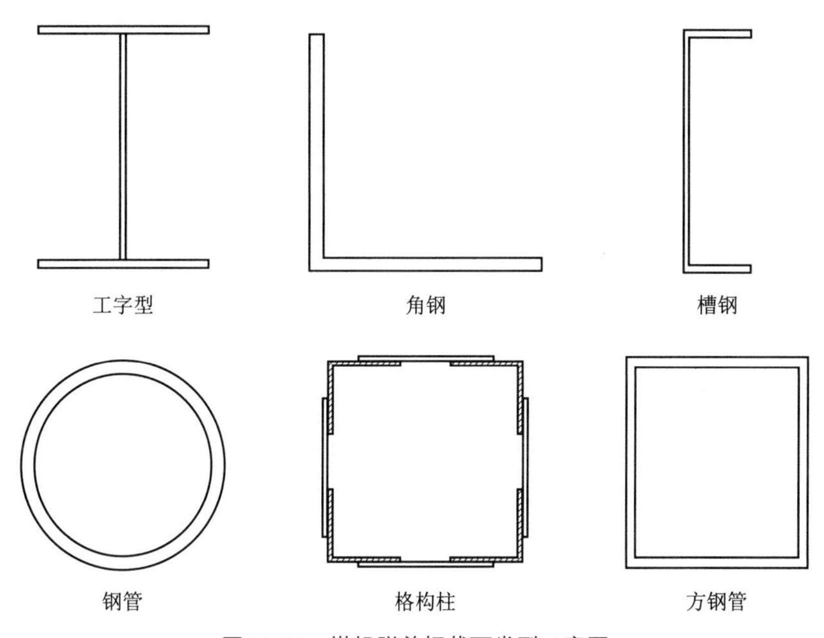

图5-14 塔机附着杆截面类型示意图

其中，工字钢、钢管、格构柱及方钢管属于双轴对称截面，使用频率高；钢管、格构柱（四肢组合构件，且各分肢均为等边角钢）及方钢管 X 轴及 Y 轴截面回转半径相同，因塔机附着构件简化为两端铰支的构件，X 向及 Y 向的构件计算长度可取值为构件长度，因此构件截面 X 轴及 Y 轴截面回转半径越接近，截面两主轴长细比越相近，截面材料利用率越高，经济性越好。长细比计算公式如下：

$$\lambda_x = \frac{l_{0x}}{i_x} \tag{5-3}$$

$$\lambda_y = \frac{l_{0y}}{i_y} \tag{5-4}$$

式中 λ_x、λ_y——构件长细比；

l_{0x}、l_{0y}——构件对计算截面主轴 x 轴及 y 轴的计算长度，为计算稳定性时所用的长度；

i_x、i_y——构件对计算截面主轴 x 轴及 y 轴的回转半径。

（4）附墙杆允许长细比：

构件容许长细比的规定，主要是避免构件柔度太大，本身自重作用下产生过大的挠度和运输、安装过程中造成弯曲以及在动力荷载作用下发生较大的振动。对受压构件来说，由于刚度不足产生的不利影响远比受拉构件严重。

《钢结构设计标准》GB 50017—2017 给出构件轴心受压构件的容许长细比，如表 5-1 所示。

表 5-1 受压构件的容许长细比

构件名称	容许长细比
轴心受压柱、桁架和天窗架中的压杆	150
柱的缀条、吊车梁或吊车桁架以下的柱间支撑	150
支撑	200
用以减小受压构件计算长度的杆件	200

《塔式起重机附着安全技术规程》T/ASC 09—2020 第 5.2.8 条提出：附着杆的控制长细比 λ_{lim} 应不大于 120。超长附着杆设计时尚应考虑附着杆自重对杆件承载力的影响。

（5）塔机参数：设计者根据项目需求及现有资源选择相应的塔机型号，然后根据塔机使用说明书输入相应的塔机参数。

（6）风荷载地面粗糙度：软件中给出地面粗糙度选择选项，地面粗糙度可分为 A、B、C、D 四类：本书第 2.3.1 节详细叙述了风荷载参数计算及地面粗糙度的分类，脚手架所在项目地面粗糙度选取可由计算人员根据项目所在区域进行判断，或是参考项目主体结构计算选取的地面粗糙度。

（7）工作状态的基本风压 w_0（kN/m^2）：塔机工作状态时基本风压值取 0.20kN/m^2。

非工作状态的基本风 w_0'（kN/m^2）：塔机非工作状态时的基本风压（kN/m^2），按当地 50 年一遇的风压取用，且不小于 0.35kN/m^2。

（8）塔身前后片桁架的平均充实率：

塔身前后片桁架的平均充实率，对塔身无加强标准节的塔机宜取 0.35；对塔身的加强标准节占爬升架以下一半的塔机宜取 0.40；加强标准节处于中间值时可按线性插入法取值。当塔身桁架构件由型钢制作时，平均充实率应乘扩大系数 1.1。

2. 附着参数（图 5–15）

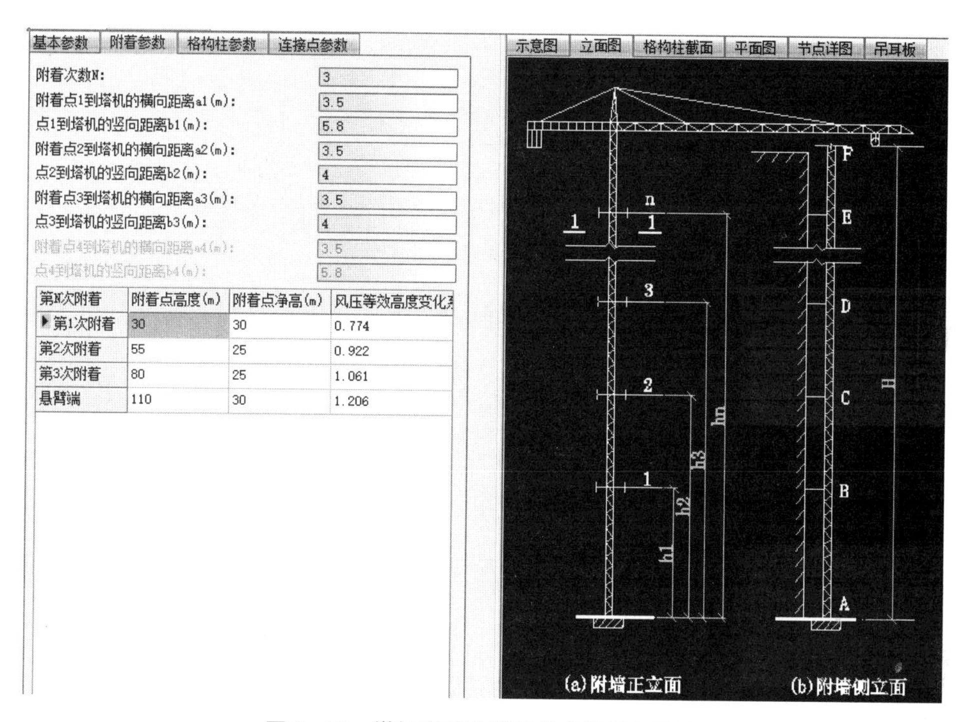

图 5–15 塔机附着验算附着参数设置界面

（1）附着次数：

近年来，随着建筑物高度的日益增高，塔式起重机的工作高度也越来越高。当塔机工作高度大于其最大独立高度时，需对其进行附着。附着距离是塔机附着布置方案中必须考虑的一个重要参数，附着距离越大，附着杆长度就越长，相同轴压力下，越容易发生失稳。另外，过长的附着杆也会给安装、拆卸带来很大不便。因此，起重机械的制造商会在产品使用说明书中对附着点距离最大值作出规定，当实际工程中附着距离超过该值时，需对附着杆进行设计计算，否则可能造成严重后果。

《高层建筑混凝土结构技术规程》JGJ 3—2010 中提出：附着式塔式起重机与建筑物结构进行附着时，应满足其技术要求，附着点最大间距不宜大于 25m，附着点的埋件设置应经设计单位同意。《塔式起重机附着安全技术规程》T/ASC 09—2020 未明确规定附着间距的建议取值，但是提出附着装置的安装高度和附着间距宜符合使用说明书规定。

设计人员根据建筑物建设总高度及塔机搭设高度，在满足构件计算强度、刚度、稳定性安全要求的前提下，合理设置附着次数及附着间距。

（2）附着点到塔机的横向及竖向距离：

软件模型建立界面中明确显示了各个参数所代表的物理含义，设计人员可先行在CAD图纸中设计连墙件与建筑物的连接位置，在CAD图纸中测量出杆件的长度，然后输入软件即可。

关于附着杆件布置方式，《塔式起重机附着安全技术规程》T/ASC 09—2020给出相关条文：

在平面布置条件许可时，附着装置两侧附着杆宜尽量对称布置，通过设计大小合理的夹角使得附着杆内力较小。

1）三杆式附着最外侧两根附着杆与附着框架前梁垂线之间的夹角，在条件许可时宜控制在45°±5°，如图5-16所示。

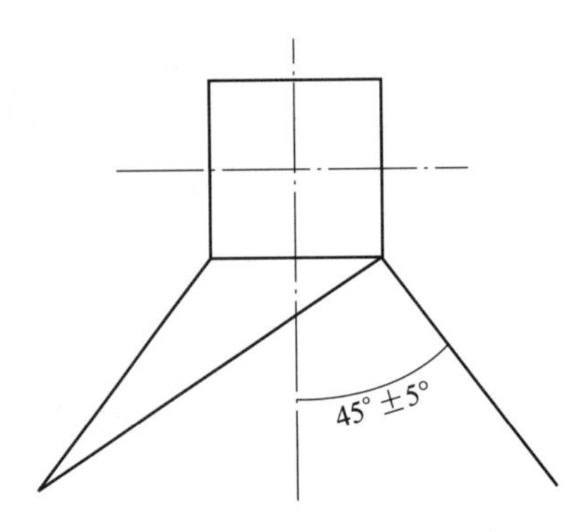

图5-16 三杆附着杆夹角示意图

2）双侧四杆式附着两个内附着杆夹角β理想值为90°，在条件许可时β宜控制在75°～120°，如图5-17所示。

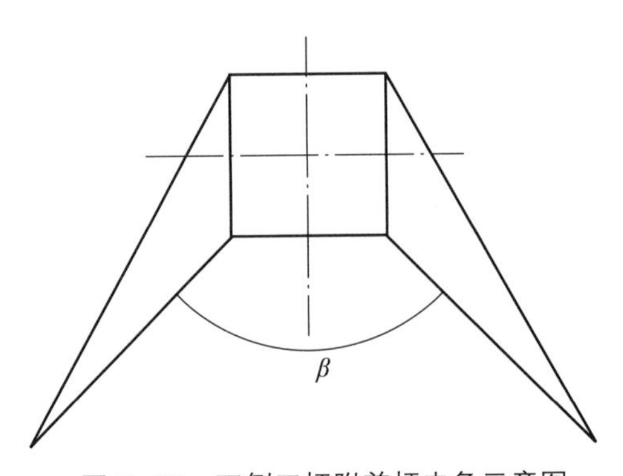

图5-17 双侧四杆附着杆夹角示意图

3）单侧四杆式附着外附着杆与附着框架前梁垂线之间的夹角，在条件许可时宜控制在 40°～60°，如图 5-18 所示。

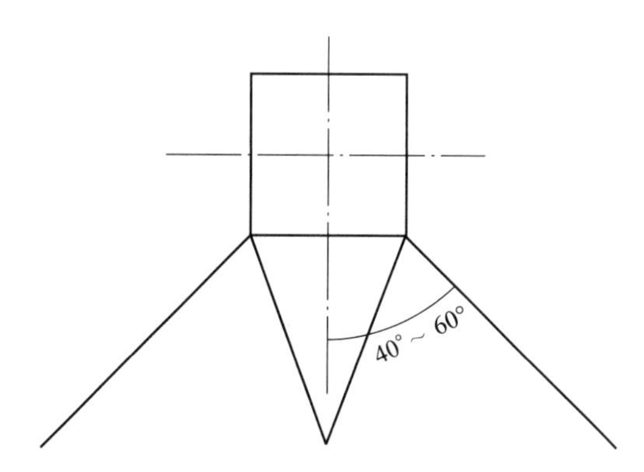

图 5-18 单侧四杆附着杆夹角示意图

附着杆夹角对附着杆内力影响很大，宜尽量通过设计合理大小的夹角使得附着内力较小。

（3）风压等效高度变化系数、工作状态风荷载体型系数、工作状态风振系数、非工作状态风振系数：

现行行业标准《塔式起重机混凝土基础工程技术标准》JGJ/T 187 附录 A，塔机的风振系数可根据不同的基本风压和地面粗糙度类别及塔机的计算高度，查表确定；风荷载体型系数同样可以在现行行业标准《塔式起重机混凝土基础工程技术标准》JGJ/T 187 附录 A 中进行查询。软件中会根据附着件高度和场地粗糙度，自动更新风荷载计算中的相关参数。

3. 格构柱参数（图 5-19）

当附着杆截面类型选择格构柱时，需对格构柱的相关参数进行设计。如选用其他实腹式截面（工字钢、槽钢、角钢等），在软件中直接输入型钢型号即可。

（1）格构柱截面类型：软件提供三种截面类型，即双肢、三肢、四肢，双肢格构柱是指由两个分肢组成，分肢材料可分为实腹式槽钢或工字钢；三肢格构柱是指分肢由三组材料组成，分肢材料一般选择圆钢管；四肢格构柱一般由四组等边角钢组成，如图 5-20 所示。

（2）缀件型式：格构柱分为缀条柱和缀板柱。

缀板柱分肢与分肢之间的连接使用钢板连接；缀条柱分肢与分肢之间的连接使用斜缀条，斜缀条与构件轴线间的夹角一般在 40°～70°，斜缀条材料一般使用等边角钢设置。当构件承受的轴向力相对较大时，建议使用缀条柱。

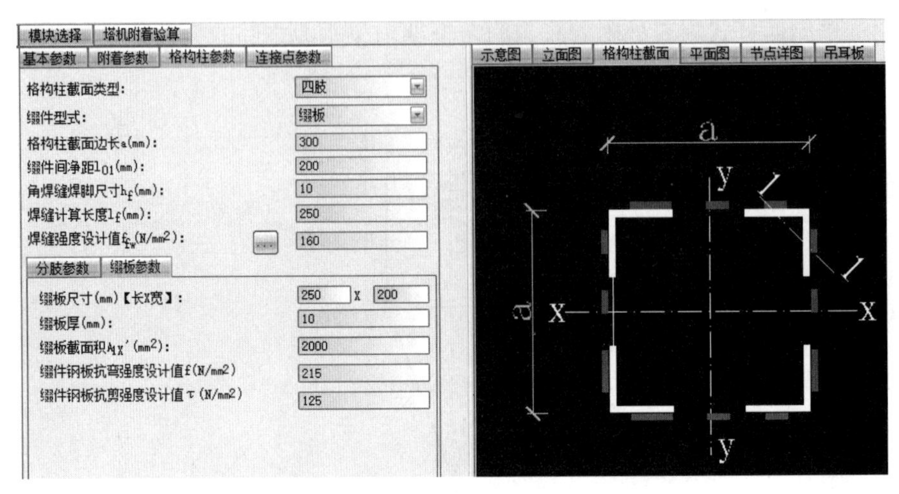

图 5-19 塔机附着验算格构柱参数设置界面

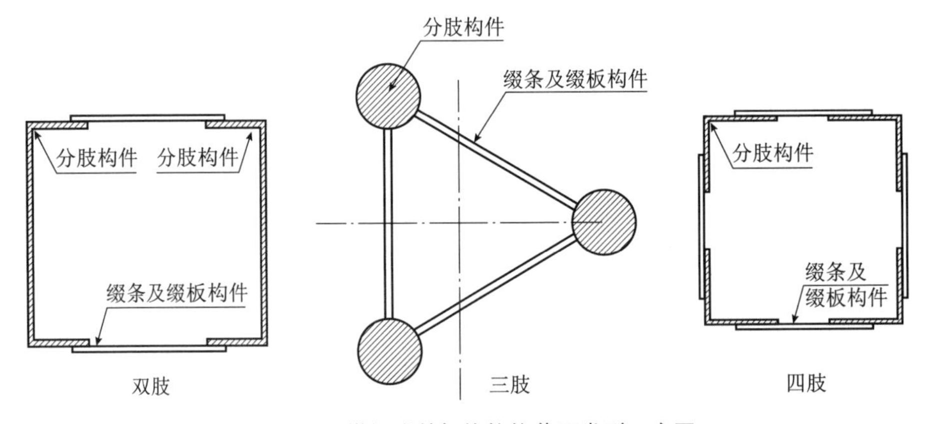

图 5-20 塔机附着杆格构柱截面类型示意图

格构柱设计的详细内容可参考现行国家标准《钢结构设计标准》GB 50017 及钢结构设计手册相关书籍。

（3）角焊缝焊脚尺寸：参考现行国家标准《钢结构设计标准》GB 50017。如使用角焊缝，角焊缝最小焊脚尺寸可按表 5-2 取值。

表 5-2 角焊缝最小焊脚尺寸

母材厚度（mm）	角焊缝最小焊脚尺寸（mm）
$t \leqslant 6$	3
$6 < t \leqslant 12$	5
$12 < t \leqslant 20$	6
$t > 20$	8

4. 连接点参数（图 5–21）

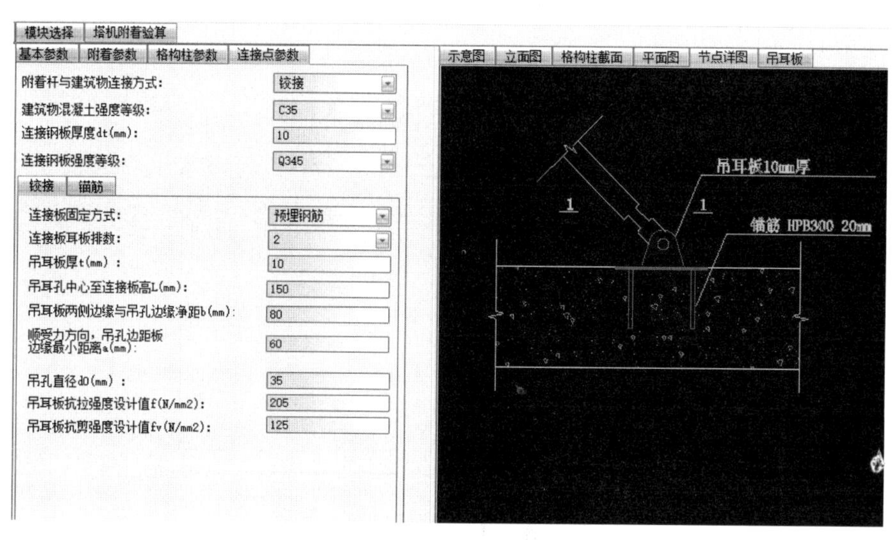

图 5–21　塔机附着验算连接点参数设置界面

（1）附着杆与建筑物的连接方式：分为铰接及焊接。焊接即相当于固接。铰接的含义为连接杆与支座连接只传递 X 方向的剪力和 Y 方向的轴力，不传递弯矩，铰接支座只限制连接杆的 X 方向和 Y 方向平动，连接杆可以在支座处自由转动。固接即传递连接杆件的轴力、剪力及弯矩，限制连接杆在支座处的平动及转动。

（2）建筑物混凝土强度等级：软件中输入塔机连接位置处建筑物的混凝土强度等级，对于连接于建筑物竖向构件处，应注意高层建筑中竖向构件的混凝土强度等级是变化的，由下至上逐渐减少，软件在此处并没有进行详细区分，建议输入最不利取值，即取所有连接点处混凝土强度最低等级，输入软件中相应位置。

（3）连接钢板厚度及连接钢板的强度等级：连接钢板的作用是将连接件传给耳板的力，通过预埋件传递给建筑物，连接钢板和预埋钢筋为预埋件整体，连接钢板也可理解为锚板。锚板过薄，受荷作用下将会发生弯曲变形，锚板受荷下的弯曲变形将影响锚筋的面积。因此，锚板应取适当的厚度，确保拉力、剪力和弯矩的传递。

（4）连接固定方式：分为锚固螺栓和预埋钢筋两种方式。锚固螺栓和预埋钢筋适用于不同的情况，现场根据实际情况采取合适的连接固定方式。

（5）连接耳板排数及厚度：

连接耳板计算可简化为过形心轴的拉力及剪力作用，因此耳板的强度是否满足要求取决于耳板的最小净截面面积。设计人员一般会先选择耳板的型号，将耳板的数据输入软件后进行核算，验收抗拉及抗剪承载力是否满足要求。当单排耳板不能满足要求时，可选择双排耳板。塔机附着杆吊耳示意图如图 5-22 所示。

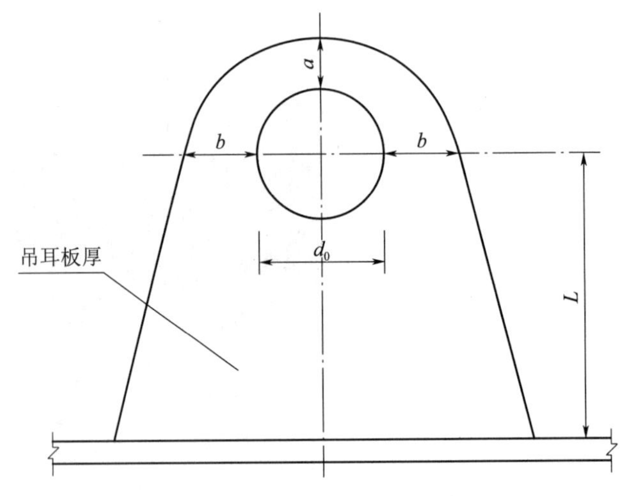

图 5-22 塔机附着杆吊耳示意图

（6）锚筋参数：

锚筋即将钢筋预埋至建筑物中，用以传递连接杆的受力至建筑物。锚筋的设计可参考现行国家标准《混凝土结构设计标准》GB/T 50010 中预埋件及连接件的设计内容。预埋钢筋直径一般选择 18mm、20mm、22mm，现场根据材料的供应选择合适的钢筋直径。

5.4 设备附墙（四杆）设计实例

5.4.1 工程概况

某项目为了施工生产需要，在南、北塔楼安装了 3 台塔式起重机，编号及塔式起重机与塔楼关系如表 5-3、图 5-23 ～图 5-25 所示。

表 5-3 塔式起重机安装基本信息表

楼号	塔式起重机编号	塔式起重机位置	塔式起重机型号	臂长 (m)	基础标高	最终安装高度 (m)
北塔楼	1 号塔机	2-5 轴—2-8 轴交 2-G 轴	TC7530-16h	60	-11.65 底板	250
北塔楼	4 号塔机	2-A 轴—2-C 轴交 2-1 轴	T6013A-6b	35	-1.5 地下室顶板	188
南塔楼	2 号塔机	3-C 轴—3-G 轴交 3-12 轴	TC7530-16h	60	-11.65 底板	220

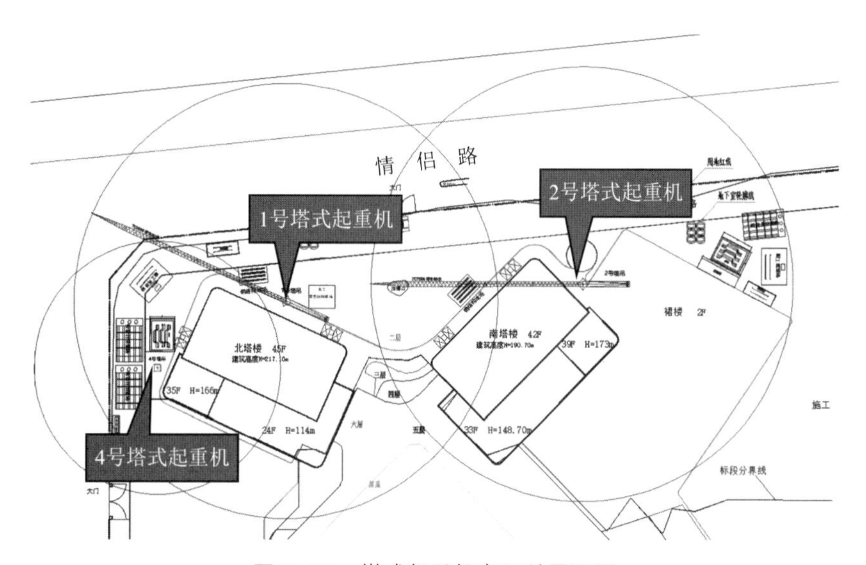

图 5-23 塔式起重机布置总平面图

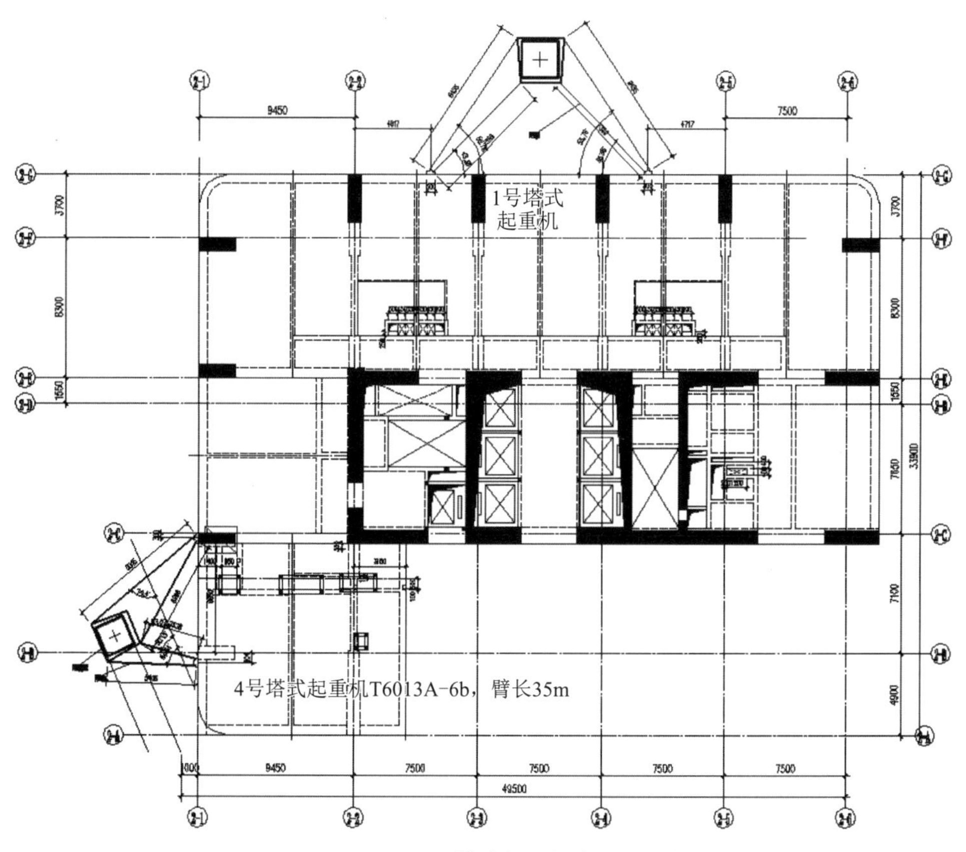

图 5-24 1 号及 4 号塔式起重机建筑平面布置图

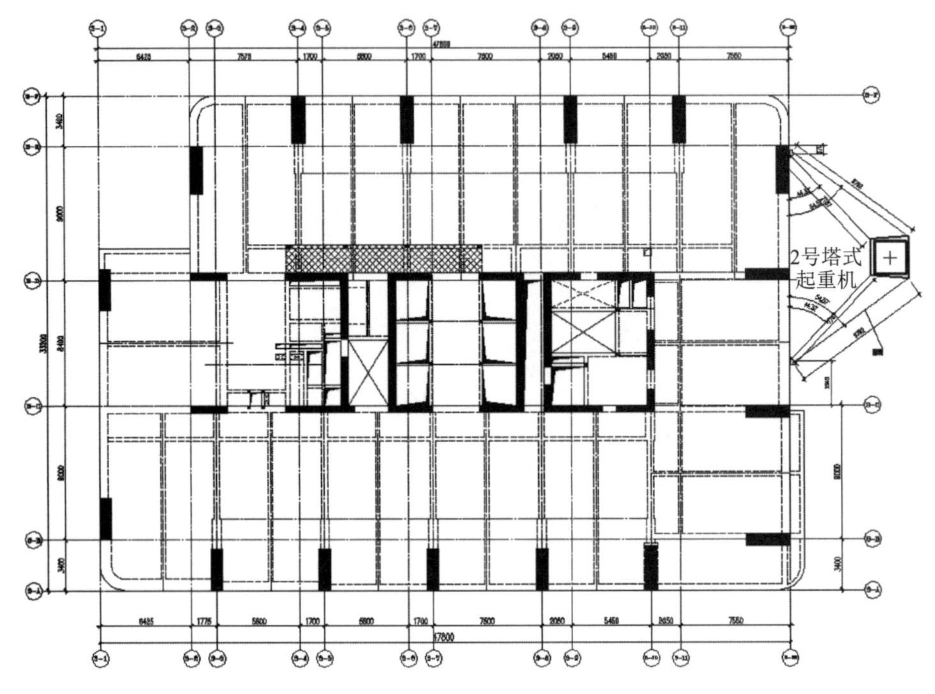

图 5-25　2 号塔式起重机建筑平面布置图

5.4.2　设计资料及模型

根据本工程结构特点，结合结施图、建施图与塔式起重机使用说明书中的规定，本工程采用 4 杆附墙，1 号、2 号、4 号塔式起重机附墙件设置方式分别如图 5-26 ～图 5-28 所示。

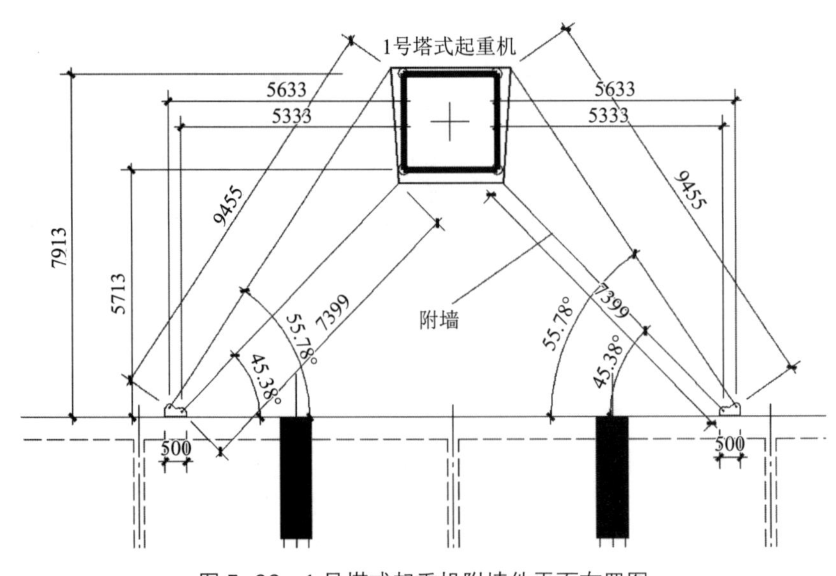

图 5-26　1 号塔式起重机附墙件平面布置图

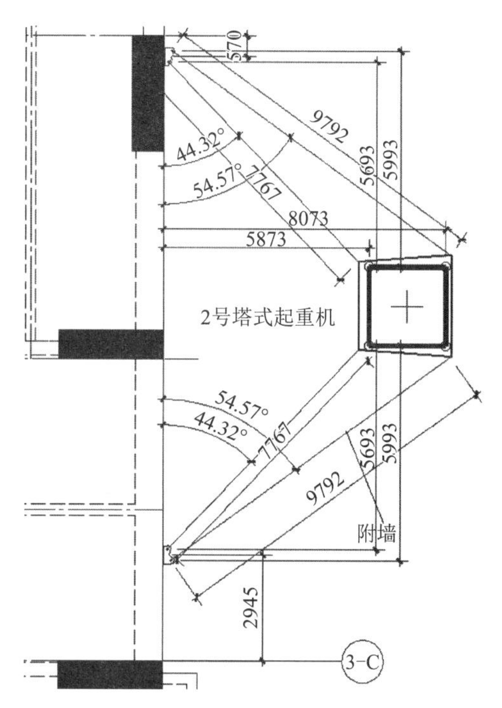

图 5-27 2 号塔式起重机附墙件平面布置图

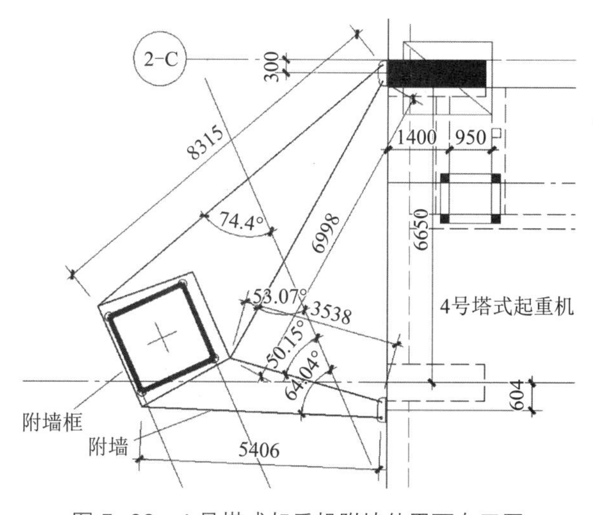

图 5-28 4 号塔式起重机附墙件平面布置图

5.4.3 设计思路

设备附墙件计算过程相对简单，本章节给出 1 号塔式起重机附墙件软件计算中的基本参数、附着参数及格构柱参数设置界面，如图 5-29 ～图 5-31 所示，技术人员可根据项目特点设计相应的连墙件形式。

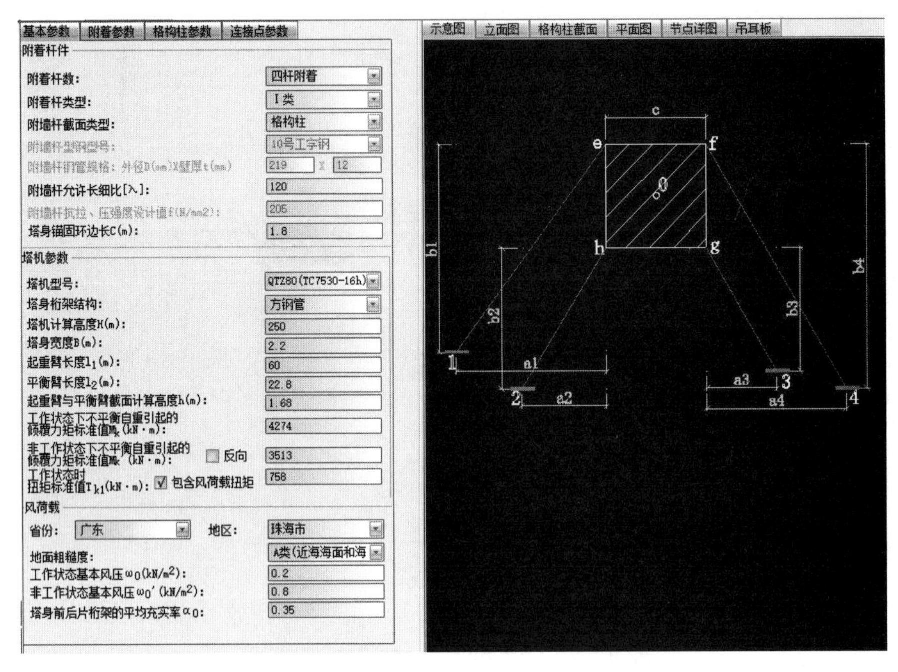

图 5-29　1 号塔式起重机附墙件计算基本参数设置界面

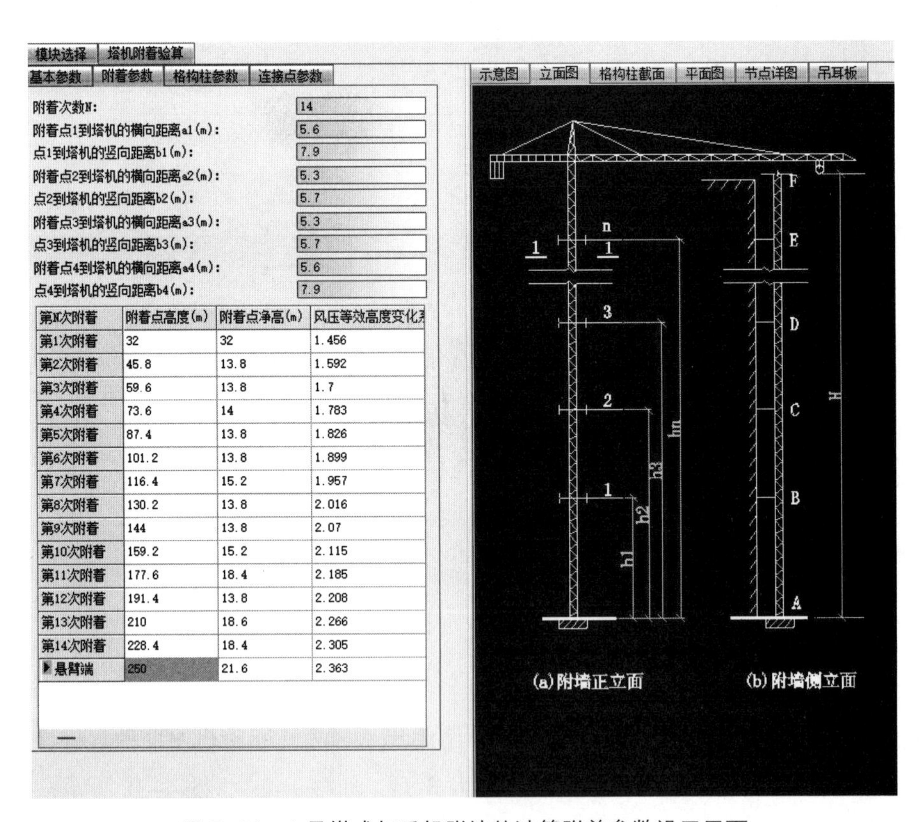

第N次附着	附着点高度(m)	附着点净高(m)	风压等效高度变化系
第1次附着	32	32	1.456
第2次附着	45.8	13.8	1.592
第3次附着	59.6	13.8	1.7
第4次附着	73.6	14	1.783
第5次附着	87.4	13.8	1.826
第6次附着	101.2	13.8	1.899
第7次附着	116.4	15.2	1.957
第8次附着	130.2	13.8	2.016
第9次附着	144	13.8	2.07
第10次附着	159.2	15.2	2.115
第11次附着	177.6	18.4	2.185
第12次附着	191.4	13.8	2.208
第13次附着	210	18.6	2.266
第14次附着	228.4	18.4	2.305
悬臂端	250	21.6	2.363

图 5-30　1 号塔式起重机附墙件计算附着参数设置界面

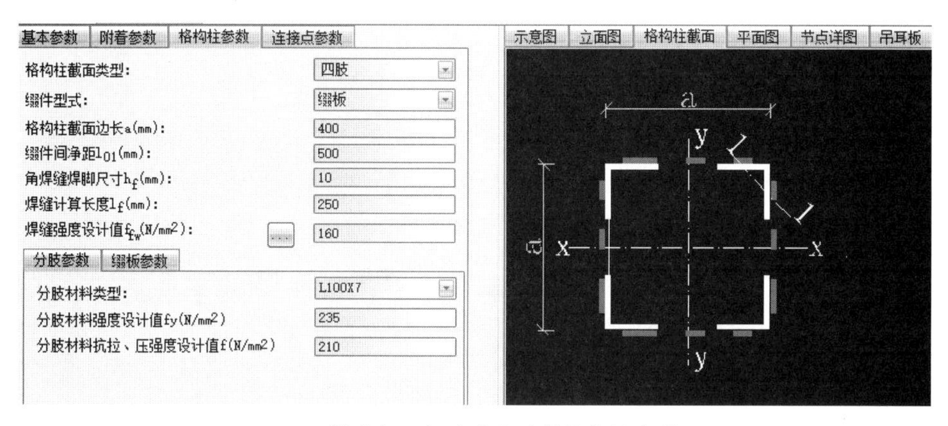

图 5-31　1 号塔式起重机附墙件计算格构柱参数设置界面

6 卸料平台安全计算

6.1 卸料平台概要

现代高层建筑是随着整个社会的发展和人们生活需求的提升而发展壮大起来的，这更是城镇化不断加速发展的必然结果。伴随着高层建筑的迅速发展，高层建筑施工的技术难度也在不断增加，向着更高、更难、更高效的方向发展，同时也对高层建筑施工安全提出了更多的挑战。建立合理的施工操作平台可以大大提高生产效率和保障安全性，其中卸料平台作为施工操作平台中的一种类型，在高层建筑施工中发挥着不可替代的作用。然而卸料平台在实际使用过程中的问题层出不穷，首当其冲的安全性问题在设计、材料属性、安装以及使用过程中尤为突出。

卸料平台是建筑施工中现场安全生产管理所需要关注的重要内容。但是在实际操作过程中，有些人为的不安全因素，或者卸料平台从设计到拆除过程中的不安全因素始终存在，给建筑生产带来安全隐患。卸料平台能否被安全有效地使用，将会直接关系到人民的财产安全和生命安全，也关系到建筑安全工作的规范实施和质量保证。

6.1.1 卸料平台分类

在高层建筑结构主体施工中，拆下的模板、支撑、脚手架等周转材料由室内运往卸料平台，再配合塔式起重机运至上层继续使用；在设备安装和装饰装修阶段，常设置卸料平台配合塔式起重机将大型器具、设备材料等由卸料平台周转运往室内，其在水平和垂直运输中起承上启下的特殊作用。悬挑式型钢卸料平台是高层建筑主体施工材料垂直和水平运输的中转平台，是楼层进出大批量、大规格材料的主要通道；悬挑式型钢卸料平台正是因为其操纵简易、因地制宜，所以在高层建筑施工建设中被大规模使用。

卸料平台按照组成的主要材料分类，一般分为钢管式卸料平台和型钢式卸料平台；按支撑形式分类，一般分为落地式钢管卸料平台（图 6–1）、悬挑式型钢卸料平台（图 6–2）、支撑式型钢卸料平台。支撑式型钢卸料平台一般是由钢管斜撑配合型钢支架搭建而成的简易平台，适用范围比较狭小且刚度小，搭设高度受限，运用于低层建筑，基本上已很少使用。落地式钢管卸料平台由立杆、水平杆、纵向及横向剪刀撑、刚性连墙件、支承平台板的横杆、扣件、平台板、立杆下底座及垫板、栏杆、安全绳、缆风绳（高大架子用）等组成。

由于受钢管及扣件材质、人工搭设等众多因素的影响，落地式扣件式钢管卸料平台的搭设高度一般不宜超过 20m。若超过 20m，一般采用设置双立杆、设置较多的剪刀撑或斜杆、设置水平加强层、减少平台堆载等方法，但这样已不经济，常用悬挑式型钢卸料平台代替。

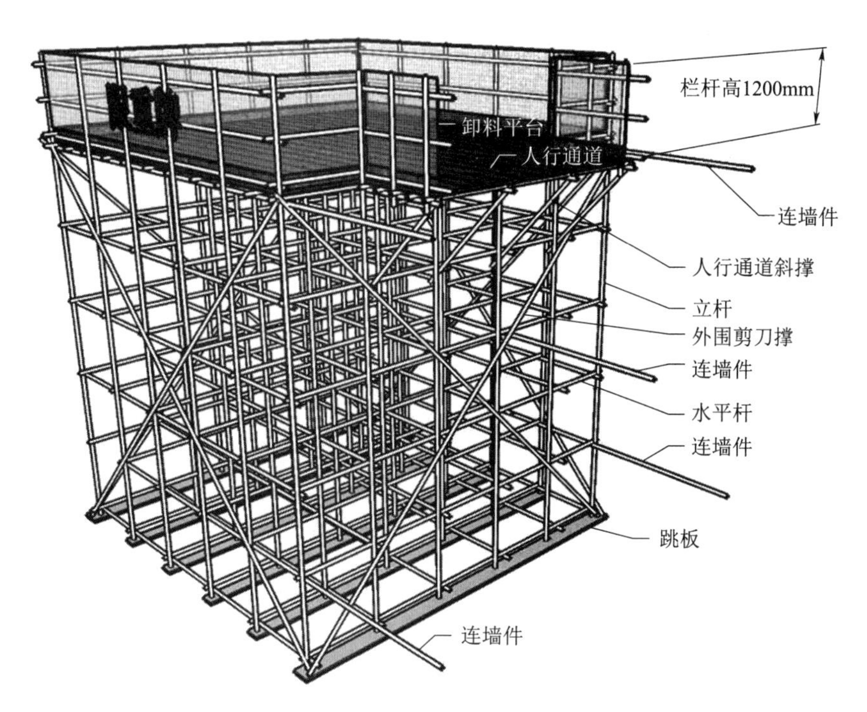

图 6-1　落地式钢管卸料平台示意图

图 6-2　悬挑式型钢卸料平台示意图

6.1.2 卸料平台构件组成

悬挑式卸料平台一般是由主、次梁焊接成整体，再铺以脚手板或薄钢板而成，主、次梁采用槽钢或工字钢制作。底部两侧钢梁为主梁，是卸料平台的主要受力构件，主挑梁分别设置挂钩悬挂钢丝绳，两主梁上部布置次梁，次梁上满铺脚手板或薄壁钢板形成平台作为最直接的受力面。平台荷载通过次梁传递至主梁，再通过主梁传递到钢丝绳和主体结构。悬挑式卸料平台侧面图如图 6–3 所示。其整体构造要求不是很复杂，但是有些节点需要满足相应标准。

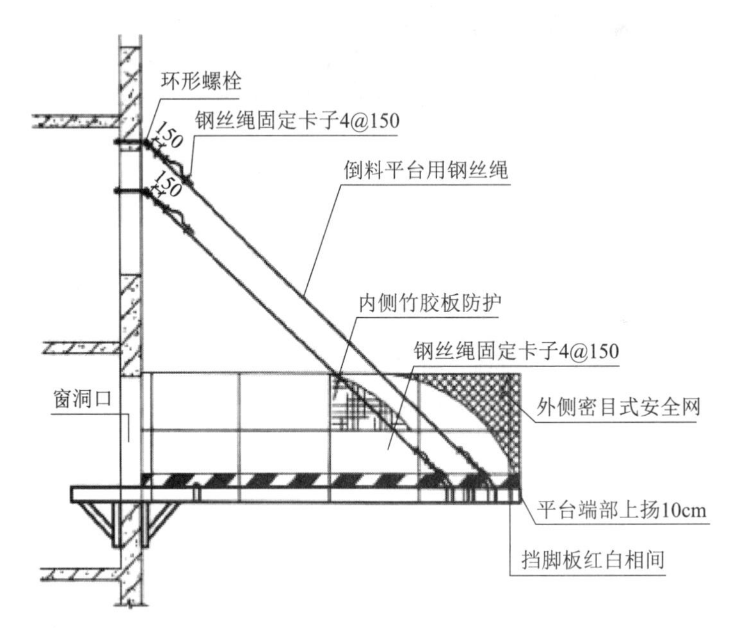

图 6–3 悬挑式卸料平台侧面图

（1）型钢平台主次梁、加劲肋规格及间距、拉（吊）环的类别及规格的选择由计算确定，焊接厚度及长度应满足设计要求，焊接质量满足国家现行相关标准要求。

（2）钢丝绳应于卸料平台两侧内外各设置一道，钢丝绳的规格及直径的采用由计算确定，钢丝绳与水平面的夹角不得小于 60°，并且每道钢丝绳都要单独计算以满足安全要求。钢丝绳应与拉环、穿梁（墙）螺栓或预埋筋可靠连接，钢丝绳在安装时预紧使钢丝绳真正受力至关重要，可采用带花篮螺栓的钢丝绳或用葫芦将钢丝绳调紧到合适的要求，严禁采用手拉调紧钢丝绳的方法。

（3）钢丝绳的固定应采用合适规格的钢丝绳夹具，夹具的规格、具体数量及间距根据使用要求设置。

（4）穿梁（墙）螺栓或预埋拉筋的材质应符合要求，其规格由计算确定。当采用螺栓时，必须是双螺母；当采用预埋拉筋时，在混凝土内的预埋长度应符合设计要求。

（5）固定钢梁的预埋U形钢筋或螺栓的材质应符合要求，其规格由计算确定。为增加安全储备，常增设一组预埋U形钢筋或螺栓。当采用预埋U形钢筋时，U形钢筋在混凝土内的锚固长度、外露长度应符合设计要求。钢梁与预埋U形钢筋应采用点焊或设置木楔或钢楔以防止钢梁位移。

（6）钢丝绳对卸料平台有向楼层内的水平分力，卸料平台必须设置挡固件以抵抗其向内的水平分力，挡固件应与楼层内的边梁或楼板紧密接触。

6.2 卸料平台设计基本规定

6.2.1 结构设计

1. 落地式卸料平台

钢管落地搭设的卸料平台，其承载能力应按概率极限状态设计法的要求，采用分项系数设计表达式进行设计。应进行下列设计计算：

（1）纵向、横向水平杆等受弯构件的强度和连接扣件的抗滑承载力计算。

（2）立杆的稳定性计算。

（3）连墙件的强度、稳定性和连接强度计算。

（4）立杆地基承载力计算。

（5）平台面板厚度及刚度计算。

落地式卸料平台受力构件立杆及横杆的强度、刚度及稳定性计算过程，可参考脚手架工程进行相应了解，本节不作更详细的解说。

2. 悬挑式卸料平台

悬挑式卸料平台可用槽钢作次梁与主梁，上铺厚度不小于50mm的木板，并以螺栓与槽钢相固定。荷载设计值与强度设计值的取用按现行行业标准《建筑施工高处作业安全技术规范》JGJ 80附录的规定执行。杆件计算可按下列步骤进行。

（1）次梁计算：

次梁恒荷载（永久荷载）主要为构件自重及铺板自重，可变荷载为施工活荷载。次梁承受荷载可按均布荷载考虑，可采用下式计算，均布荷载设计值的基本组合考虑荷载分项系数：

$$M=\frac{1}{8}ql^2 \tag{6-1}$$

式中 M——次梁最大弯矩设计值（N·M）；

q——次梁上等效均布荷载设计值（N/m）；

l——次梁计算跨度（m）。

当次梁一端为悬臂端时，可按下列公式计算弯矩：

$$M=\frac{1}{8}ql^2(1-\eta^2)^2 \tag{6-2}$$

$$\eta=\frac{m}{l} \tag{6-3}$$

式中 η——悬臂长度比值；

m——悬臂长度。

以上公式计算出次梁的弯矩设计值，可使用下式验算次梁的抗弯强度：

$$M\leqslant W_n f \tag{6-4}$$

式中 W_n——次梁杆件净截面抵抗矩；

f——杆件材料的抗弯强度设计值。

（2）主梁计算：

按外侧主梁以钢丝绳吊点作支承点计算主梁弯矩设计值。出于安全考虑，按里侧第二道钢丝绳不起作用，里侧槽钢亦不起作用计算。将次梁传递的恒荷载和施工活荷载，加上主梁自重的恒荷载，按均布荷载作用于两端简支梁方式计算外侧主梁弯矩值。

当次梁带悬臂时，先按下式计算次梁所传递的荷载；然后计算主梁弯矩设计值，主梁计算荷载应包括次梁所传递集中荷载和主梁自重荷载。

$$R=\frac{1}{2}ql(1+\eta)^2 \tag{6-5}$$

式中 R——次梁搁置于外侧主梁上的支座反力设计值，即传递于主梁的荷载（N）。

计算出主梁弯矩设计值后，验算主梁的抗弯强度。

（3）钢丝绳验算：

斜拉方式的悬挑式卸料平台示意图详见图 6-4。

出于安全考虑，钢平台每侧两道钢丝绳均以一道受力作验算。钢丝绳按下式计算其所受的拉力：

$$T=\frac{QL_{0y}}{2\sin\alpha} \tag{6-6}$$

式中 T——钢丝绳所受拉力；

Q——主梁上的均布荷载标准值（N/m）；

L_{0y}——主梁计算跨度（m）；

α——钢丝绳与平台面的夹角（°）。

$$K=\frac{S_{\mathrm{S}}}{T}\geqslant[K] \tag{6-7}$$

式中 S_{S}——钢丝绳的破断拉力，取钢丝绳的破断拉力总和乘以换算系数（N）；

［K］——吊索用钢丝绳规范规定的安全系数，取值为 10。

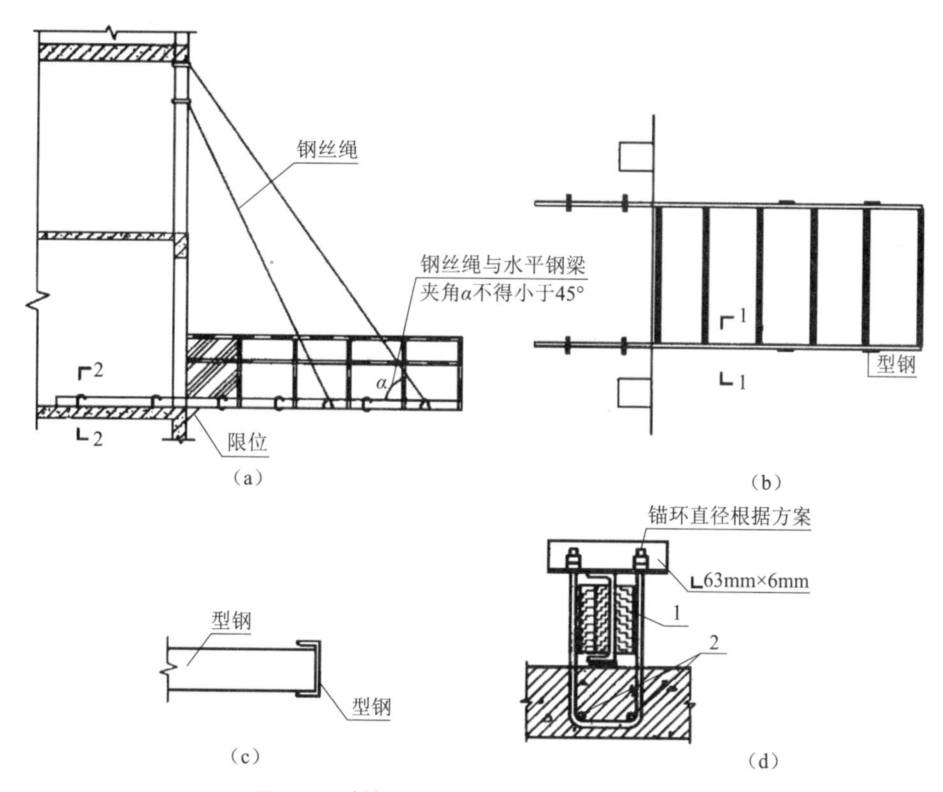

图 6-4 斜拉方式的悬挑式卸料平台示意图

（a）侧面图；（b）平面图；（c）1—1 剖面；（d）2—2 剖面

1—木楔侧向顶紧；2—2 根 1.5m 直径 18mm 的 HRB400 钢筋

（4）下支撑斜杆验算：

下支撑方式的悬挑卸料平台示意图详见图 6-5。

当主梁采用下支撑斜杆支撑时，支撑斜杆可按轴心受压构件进行验算。轴心受压构件稳定性验算公式如下：

$$\frac{N}{\varphi A_{\mathrm{c}}}\leqslant f \tag{6-8}$$

式中 N——斜撑的轴心压力设计值（N）；

φ——轴心受压构件的稳定系数；

A_c——斜撑毛截面面积（mm^2）；

f——斜撑抗压强度设计值（N/mm^2）。

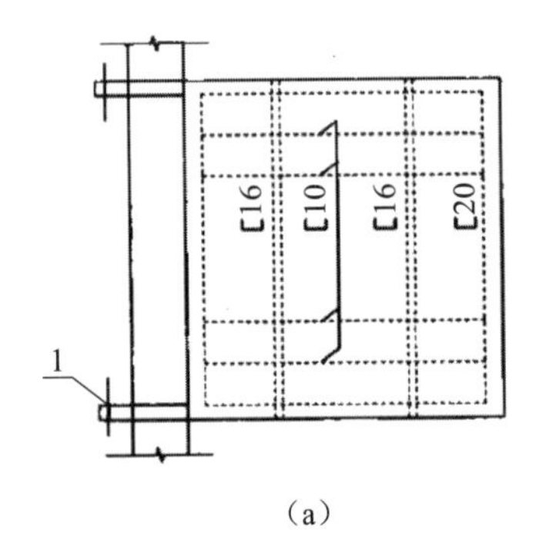

（a）

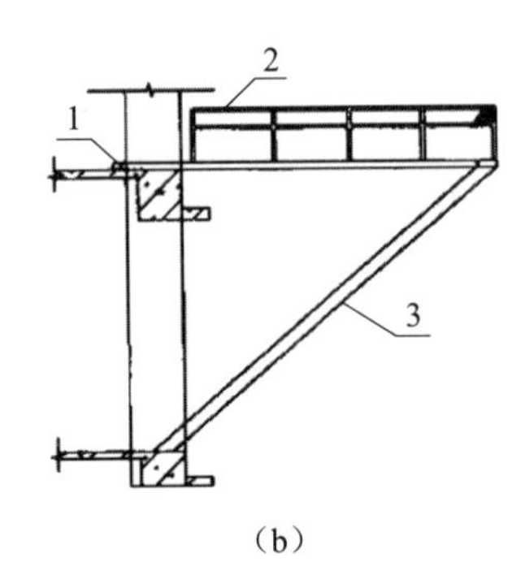

（b）

图 6-5　下支撑方式的悬挑式卸料平台示意图

（a）平面图；（b）侧面图

1—梁面预埋件；2—栏杆；3—斜撑杆

6.2.2　构造要求

1. 落地式卸料平台

（1）落地式卸料平台架体构造应符合下列规定：

1）卸料平台高度不应大于 15m，高宽比不应大于 3∶1；

2）施工平台的施工荷载不应大于 $2.0kN/m^2$；当接料平台的施工荷载大于 $2.0kN/m^2$ 时，应进行专项设计；

3）卸料平台应与建筑物进行刚性连接或加设防倾措施，不得与脚手架连接；因脚手架不具备承受卸料平台的荷载，为防止影响脚手架的稳定及满足卸料平台架体稳定性与安全要求，规定卸料平台不得与脚手架连接；

4）用脚手架搭设卸料平台时，其立杆间距和步距等结构要求应符合国家现行相关脚手架标准的规定；应在立杆下部设置底座或垫板、纵向与横向扫地杆，并应在外立面设置剪刀撑或斜撑；设置剪刀撑、斜撑可增强脚手架的纵向刚度，阻止脚手架倾斜，并有助于提高立杆的承载能力；

5）卸料平台应从底层第一步水平杆起逐层设置连墙件，且连墙件间隔不应大于 4m，并应设置水平剪刀撑。连墙件应为可承受拉力和压力的构件，并应与建筑结构可靠连接，连墙件对架体稳定具有不可忽视的重要作用。

（2）落地式卸料平台搭设材料及搭设技术要求、允许偏差应符合国家现行相关脚手架标准的规定。

施工现场搭设卸料平台的材料有钢管、型钢或用门架式或承插式钢管脚手架组装，对卸料平台搭设材料不作明确规定，要求其符合相应的脚手架标准的规定，是为方便施工现场对搭设材料的选择。

（3）落地式卸料平台应按国家现行相关脚手架标准的规定计算受弯构件强度、连接扣件抗滑承载力、立杆稳定性、连墙杆件强度与稳定性，以及连接强度、立杆地基承载力等。

（4）落地式卸料平台一次搭设高度不应超过相邻连墙件以上两步。

（5）落地式卸料平台拆除应由上而下逐层进行，严禁上下同时作业，连墙件应随施工进度逐层拆除。

（6）落地式卸料平台检查验收应符合下列规定：

1）卸料平台的钢管和扣件应有产品合格证；

2）搭设前应对基础进行检查验收，搭设中应随施工进度，按结构层对卸料平台进行检查验收；要求在搭设过程中分层、分阶段进行验收，旨在防止产生累计偏差；

3）遇 6 级以上大风、雷雨、大雪等恶劣天气及停用超过 1 个月，恢复使用前应进行检查。

2. 悬挑式卸料平台

（1）悬挑式卸料平台设置应符合下列规定：

1）卸料平台的搁置点、拉结点、支撑点应设置在稳定的主体结构上，且应可靠连接；

2）严禁将卸料平台设置在临时设施上；

3）卸料平台的结构应稳定可靠，承载力应符合设计要求。

悬挑式卸料平台必须与建筑物、构筑物结构可靠连接，平台在建筑物、构筑物上的搁置点、拉结点、支撑点可采用锚固环、螺栓等方式可靠连接，防止平台受外力冲击而发生移动。

（2）悬挑式卸料平台的悬挑长度不宜大于 5m，均布荷载不应大于 5.5kN/m^2，集中荷载不应大于 15kN，悬挑梁应锚固固定。平台的额定荷载除了与卸料平台的结构设计本身有关外，还与悬臂长度有关。悬臂长度越长，额定荷载应相应减小，否则会导致平台因超载而倾翻。

（3）采用斜拉方式的悬挑式卸料平台，平台两侧的连接吊环应与前后两道斜拉钢丝绳连接，每一道钢丝绳应能承载该侧所有荷载。设计斜拉式的悬挑式卸料平台时，一般两边各设两道斜拉杆或钢丝绳；如只各设一道时，斜拉杆或钢丝绳的安全系数相比按常规设计还应适当提高，以策安全。

（4）采用支承方式的悬挑式卸料平台，应在钢平台下方设置不少于两道斜撑，斜撑的一端应支承在钢平台主结构钢梁上，另一端应支承在建筑物主体结构上。如平台较大时，还应相应增加斜撑与横梁。

（5）采用悬臂梁式的卸料平台，应采用型钢制作悬挑梁或悬挑桁架，不得使用钢管，其节点应采用螺栓或焊接的刚性节点。当平台板上的主梁采用与主体结构预埋件焊接时，预埋件、焊缝均应经设计计算，建筑主体结构应同时满足强度要求。

（6）悬挑式卸料平台应设置4个吊环，吊运时应使用卡环，不得使吊钩直接钩挂吊环。吊环应按通用吊环或起重吊环设计，并应满足强度要求。

（7）悬挑式卸料平台安装时，钢丝绳应采用专用的钢丝绳夹连接，钢丝绳夹数量应与钢丝绳直径相匹配，且不得少于4个。建筑物锐角、利口周围系钢丝绳处应加衬软垫物。钢丝绳在使用时应采取措施防止剪切伤害。

（8）悬挑式卸料平台的外侧应略高于内侧；外侧应安装防护栏杆并应设置防护挡板全封闭。悬挑式卸料平台是人员临时作业的场所，周边的临边防护设施封闭应严密，防止人员、材料的滑落。

（9）吊运安装时的卸料平台其安全性较差，人员不得在悬挑式卸料平台吊运、安装时上下。

6.3 卸料平台电算参数解析

6.3.1 落地式卸料平台软件计算参数输入详解

本节对软件计算落地式卸料平台基本参数、材料参数、荷载参数、连墙件参数等具体介绍如下：

1. 基本参数详解（图6-6）

（1）脚手架计算依据：

软件提供的选取标准为：国家现行标准《建筑施工扣件式钢管脚手架安全技术规范》JGJ 130、《建筑施工扣件式钢管脚手架安全技术标准》T/CECS 699，可根据计算项目的实际情况，选取相应的标准作为脚手架计算依据。

（2）脚手架安全等级：

软件界面提供的脚手架安全等级选取内容为：一级及二级。关于满堂脚手架，《建筑施工扣件式钢管脚手架安全技术标准》T/CECS 699—2020关于安全等级的划分为：搭设高度大于16m的脚手架安全等级为一级，结构重要性系数取1.1；搭设高度小于或等于16m的满堂脚手架安全等级划分为二级，结构重要性系数取1.0。

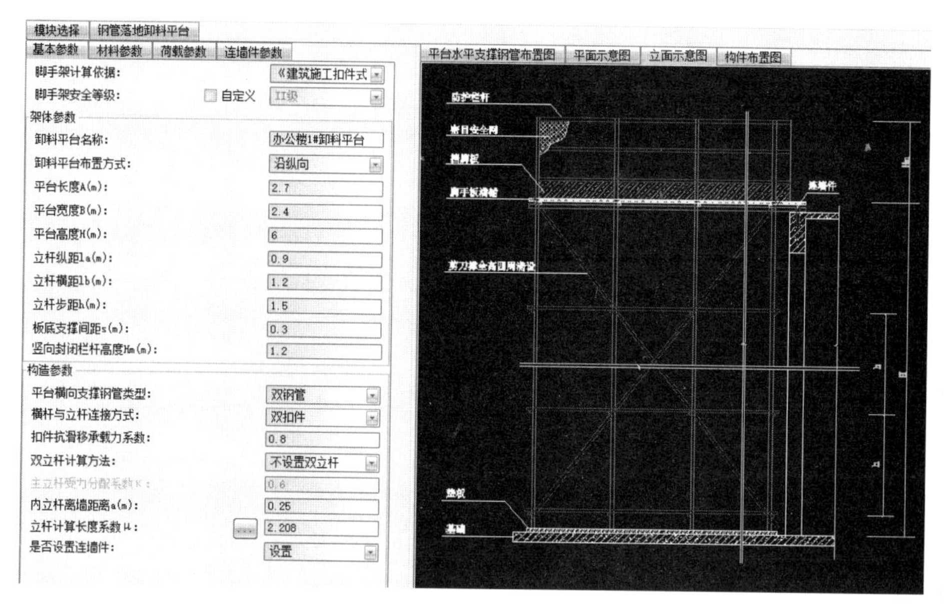

图 6-6 钢管落地式卸料平台基本参数设置界面

（3）卸料平台布置方式：提供两种方式，“沿横向”和“沿纵向”。

“沿横向”是指卸料平台纵向支撑钢管与建筑物外立面平行，连墙件沿卸料平台横向布置。

“沿纵向”是指卸料平台横向支撑钢管与建筑物外墙平行，连墙件沿卸料平台纵向布置。

（4）平台长度及宽度：设计者根据项目实际需求选择卸料平台的长度及宽度。

（5）平台高度：自立杆底座至架顶平台脚手板底之间的垂直距离为平台高度。

（6）脚手架步距 h、立杆纵距 L_a、立杆横距 L_b：

脚手架步距是指上下两排大横杆之间的距离（上下主水平杆轴线的间距）；立杆纵距或跨距是指脚手架长度方向的立杆轴线间距；立杆横距是指脚手架横向立杆之间的距离。

（7）竖向封闭栏杆高度：防护栏杆应为两道横杆，上杆距地面高度应为 1.2m，下杆应在上杆和挡脚板中间设置；当防护栏杆高度大于 1.2m 时，应增设横杆，横杆间距不应大于 600mm。

（8）立杆计算长度系数：

计算长度系数是与构件屈曲模式及两端转动约束条件相关的系数，计算长度系数与其构件有效约束点间的几何长度的乘积为计算长度，计算长度为构件或结构计算稳定性时所用的长度。

《建筑施工扣件式钢管脚手架安全技术标准》T/CECS 699—2020 给出满堂作

业脚手架立杆计算长度系数，如表 6–1 所示。

表 6–1　立杆计算长度系数

步距（m）	高宽比不大于 2
1.8	1.98
1.5	2.208
1.2	2.627
0.9	3.324

注：1. 步距两级之间计算长度系数按线性插入取值。
2. 满堂脚手架高宽比大于 2 且不大于 3 时，应采用设置连墙件与建筑结构拉结措施，且应符合国家现行标准的要求，或是立杆稳定性计算时，对承载力乘以 0.85 折减系数。
3. 0.6m × 0.6m ≤立杆间距≤ 0.9m × 0.9m，最小跨数不应小于 5；立杆间距＞ 0.9m × 0.9m，最小跨数不应小于 4 跨，立杆纵距和横距不同时，按较小间距对应跨数取值。

（9）是否设置连墙件：

卸料平台应从底层第一步水平杆起逐层设置连墙件，且连墙件间隔不应大于 4m，并应设置水平剪刀撑。连墙件应为可承受拉力和压力的构件，并应与建筑结构可靠连接。连墙件对架体稳定具有不可忽视的重要作用。

2. 材料参数详解（图 6–7）

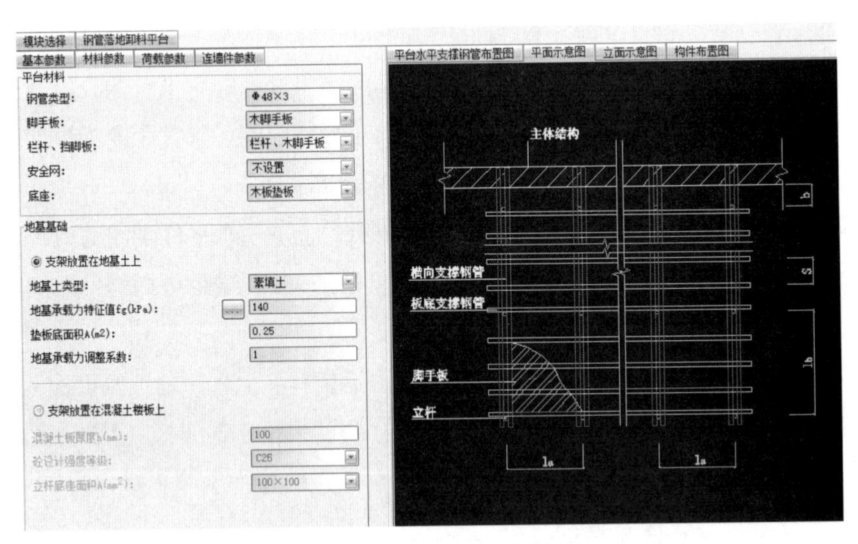

图 6–7　钢管落地式卸料平台材料参数设置界面

（1）钢管类型：脚手架搭设材料一般使用钢管截面，软件提供多种截面供软件使用者选用，ϕ48 × 3、ϕ48 × 3.2、ϕ48 × 3.25、ϕ48 × 3.5、ϕ48.3 × 3、ϕ48.3 × 3.5、ϕ48.3 × 3.6 等各种不同的截面形式，设计人员主要根据现场材料的供应情况选择相应的钢管类型。

（2）脚手板：木脚手板、竹串片脚手板、冲压钢脚手板及其他类型，如图6–8、图6–9所示。

图6–8　木脚手板和竹串片脚手板示意图

图6–9　冲压钢脚手板示意图

（3）栏杆、挡脚板：栏杆、木脚手板；栏杆、竹串片脚手板；栏杆、冲压钢脚手板及其他类型。

栏杆、脚手板及挡脚板的选择类型，直接影响受力杆件立杆永久荷载的选取。

（4）支架放置在地基土上：

如室外地坪未做硬化，卸料平台支架将直接放置于地基土上。地基土的类别和地基承载力特征值可参考项目《岩土工程勘察报告》进行填写。

垫板底面积：当仅有支座杆放置于地面时，取支座截面面积；当立杆下设置木垫板时，取单根立杆分摊的面积，但最大值不大于0.25m^2；当立杆下采用枕木做垫板时，取枕木的面积。枕木相对厚度更大，可忽略平面外变形，刚度更大。

（5）支架放置在混凝土楼板上：

如支架放置于混凝土平板时，按实际情况输入混凝土板厚度和混凝土强度等级。

3. 荷载参数（图 6–10）

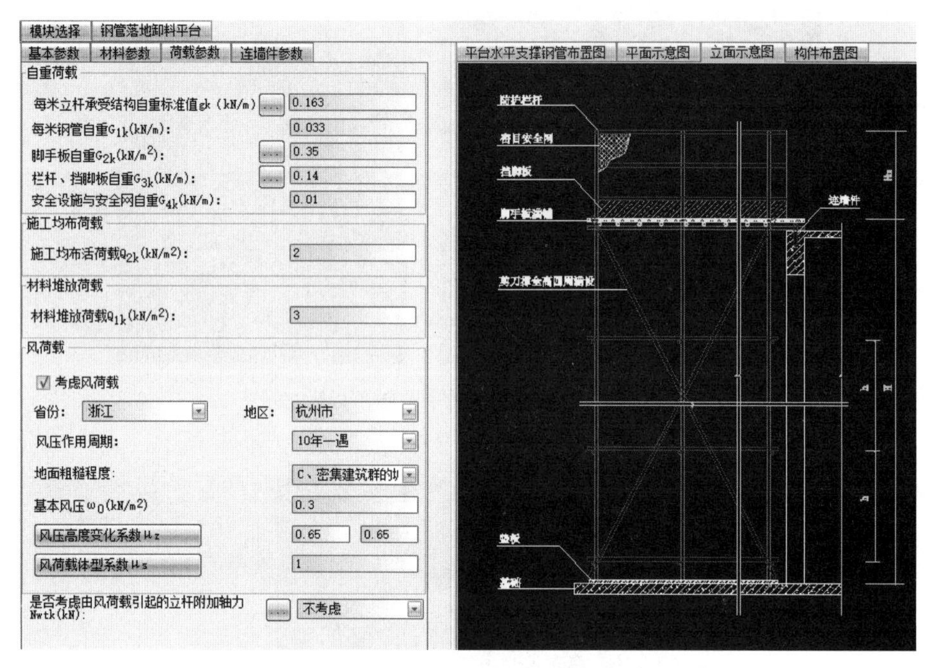

图 6–10　钢管落地式卸料平台荷载参数设置界面

（1）每米立杆承受结构自重标准值：《建筑施工扣件式钢管脚手架安全技术标准》T/CECS 699—2020 附录 A 中给出满堂脚手架立杆承受的每米结构自重标准值。因表格内容较多，本章节不再列出不同步距和横距下，立杆承受的每米结构自重标准值。设计人员可自行查找标准填写。

（2）每米钢管自重：可以通过下式计算。

$$G = \frac{\pi}{4}\left(D^2 - d^2\right) \times \rho \tag{6-9}$$

式中　D——钢管外径；

d——钢管内径；

ρ——材料重度，钢管重度可取值 78.5kN/m³。

（3）脚手板自重标准值取值可参考本书附录 B 表 B.0.5–1，参数选取时根据项目实际使用材料选择相应的数据计算。

（4）栏杆、挡脚板自重标准值取值可参考本书附录 B 表 B.0.5–2，参数选取时根据项目实际使用材料选择相应的数据计算。

（5）安全设施与安全网自重：脚手架上吊挂的安全设施或钢板防护网的自重标准值应按实际情况选取，密目式安全立网自重标准值不应低于 0.01kN/m^2。

（6）施工均布活荷载：施工平台的施工荷载不应大于 2.0kN/m^2；当接料平台的施工荷载大于 2.0kN/m^2 时，应进行专项设计。

（7）材料堆放荷载：根据实际堆放材料情况填写，取值为材料重度与堆放高度乘积。

（8）风荷载参数详解见本书第 2.3.1 节。

4. 连墙件参数（图 6–11）

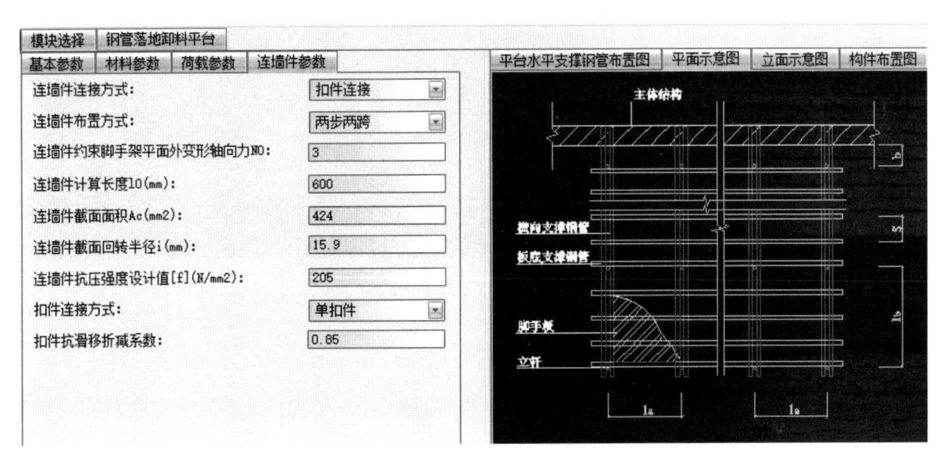

图 6–11 钢管落地式卸料平台连墙件参数设置界面

连墙件连接方式：

连墙件连接方式有扣件连接、焊缝连接、螺栓连接。卸料平台应从底层第一步水平杆起逐层设置连墙件，且连墙件间隔不应大于 4m，并应设置水平剪刀撑。连墙件应为可承受拉力和压力的构件，并应与建筑结构可靠连接。项目可根据现场情况、受力构件布置情况、模板选用情况、卸料平台搭设高度选择合适的连墙件连接方式。

连墙件其他参数可详见第 2.3.1 节脚手架连墙件参数设置。

6.3.2 悬挑式卸料平台软件计算参数输入详解

悬挑式卸料平台一般采用型钢加工制作，其组成部分主要由主次型钢梁、型钢加劲肋、拉（吊）环、钢丝绳等配套索具设备、平台板、安全防护设备等组成。荷载由平台板传递至次梁，次梁通过焊缝连接传到主梁，最后由主梁通过钢丝绳和悬挑固定结构传递到建筑物、构筑物。

本节对软件计算卸料平台支撑方式、平台长度、平台各组成构件位置参数、各构件的材料参数、荷载参数等具体介绍如下：

1. 悬挑式型钢卸料平台构造参数详解（图 6–12）

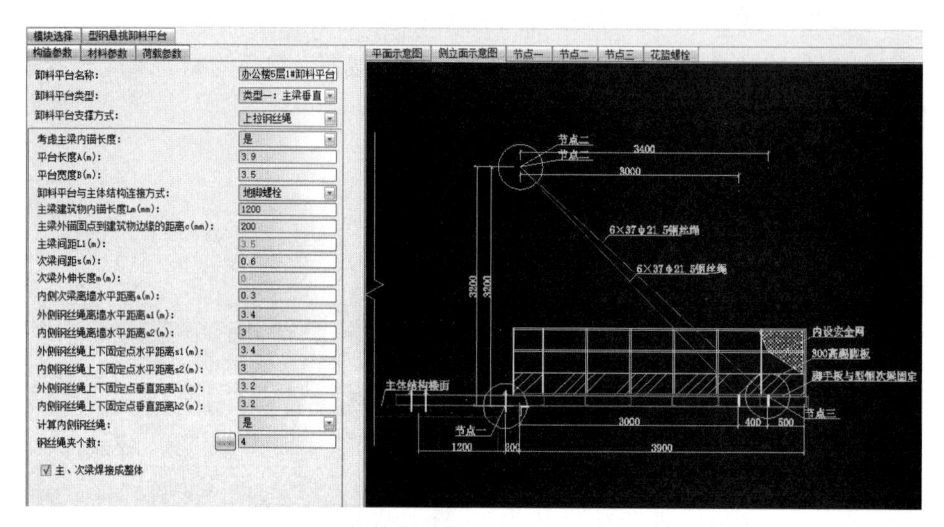

图 6–12　悬挑式型钢卸料平台构造参数设置界面

（1）卸料平台支撑方式：

上拉钢丝绳：悬挑式型钢卸料平台悬挑端使用高强度钢丝绳与上层建筑物结构主体相连接（图 6–13）。悬挑梁与简支梁相比，相同的计算跨度下，均布荷载情况下悬挑梁的最大挠度是两端简支梁的 9.6 倍。

悬臂梁悬臂端受集中荷载下，挠度值计算公式为：

$$挠度值=\frac{Pl^3}{3EI}$$

式中　P——集中荷载设计值（kN）；

l——梁跨度（m）；

E——材料弹性模量（MPa）；

I——截面惯性矩（m^4）。

因此，悬臂梁正常使用情况下变形值相对是较大的。悬臂端增加上拉构件，可以非常有效地减小卸料平台主梁的最大弯矩及正常使用状态下的变形，有利于增加卸料平台的安全性。

型钢下撑：相比于上拉钢丝绳，钢丝绳受拉；采用型钢下撑，型钢受压。两种形式都是用于减小悬臂端的挠度值及主梁最大弯矩设计值。

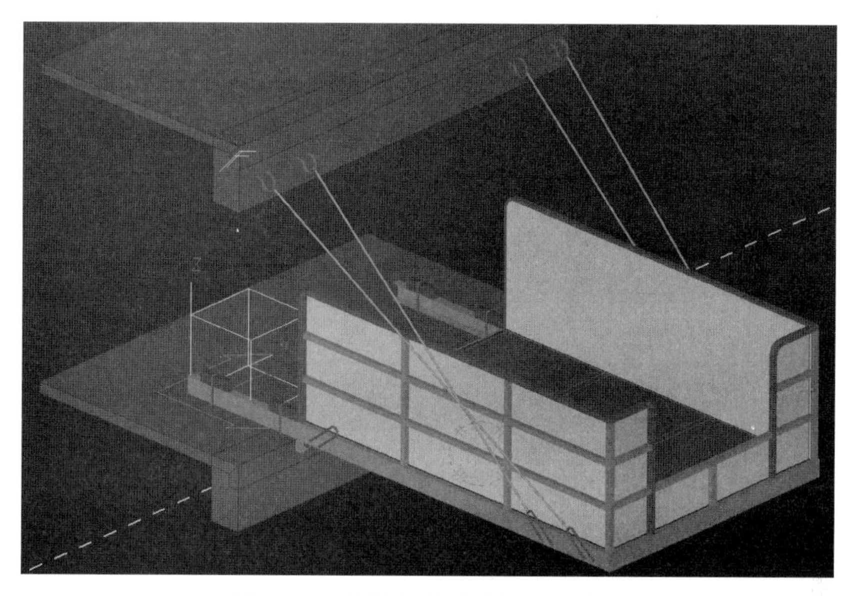

图 6–13 悬挑式型钢卸料平台示意图

设计人员根据项目实际情况选择合适的支撑方式，上拉钢丝绳相对型钢下撑方式，材料利用率更高，项目使用频率更高。

（2）考虑主梁内锚固长度：

如考虑主梁内锚固长度，型钢主梁简化计算模型如图 6–14 所示，其中支座 B、C、D 点约束是对实际情况的有效简化，C 点及 D 点固定铰支座是对梁端锚固的简化。

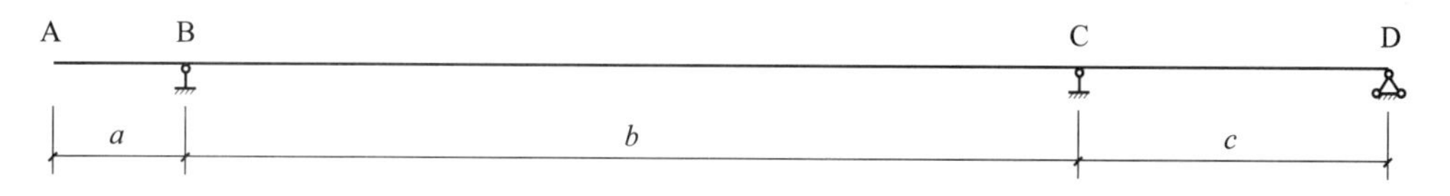

图 6–14 考虑主梁内锚固长度——主梁简化计算模型

如不考虑梁类锚固长度时，梁端的约束条件及型钢主梁的简化计算模型如图 6–15、图 6–16（c）（d）所示，型钢与结构主体连接位置简化为一个固定铰支座，一般型钢与主体结构至少设置 2 个连接点，约束主梁横向及纵向的位移。

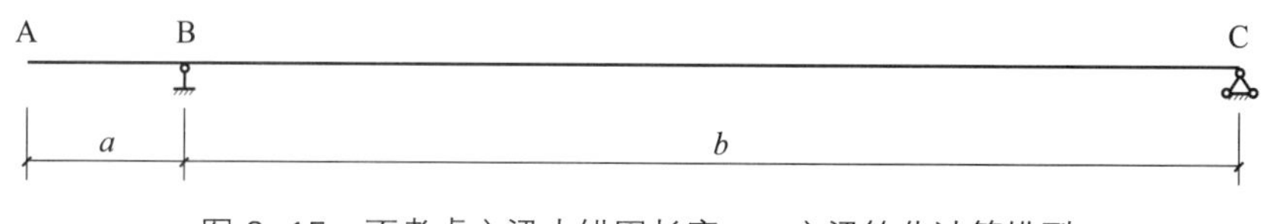

图 6–15 不考虑主梁内锚固长度——主梁简化计算模型

相同设计荷载条件下，因设置不同的支座条件，考虑梁内锚固长度的最大弯矩值小于不考虑梁内锚固长度的情况，考虑梁内锚固长度的最大变形值小于不考虑梁内锚固长度的情况。

考虑梁内锚固长度相当于设置更有效的梁端约束，型钢梁长度增加，从而减小卸料平台主要受荷区域的最大弯矩值和变形值。

增加梁端的约束，将主梁从静定结构转化为超静定结构，增强安全储备，即使使用过程中某个约束先行失效，也可避免发生严重的安全事故。

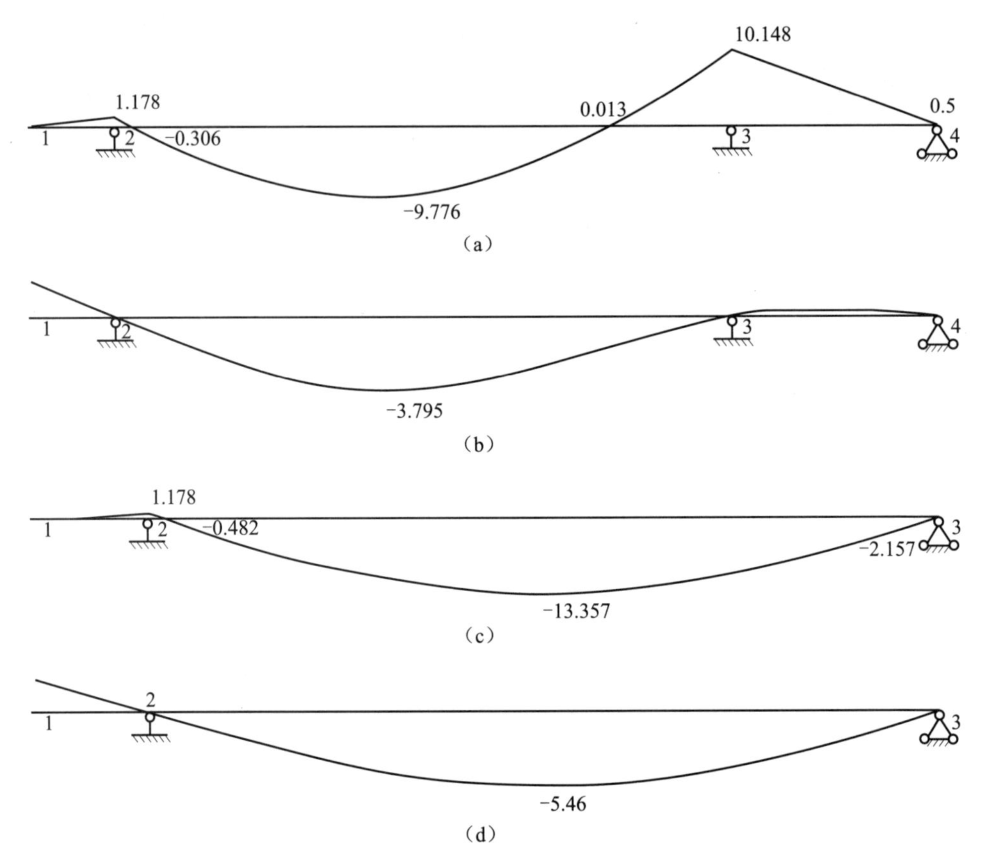

图 6–16 考虑及不考虑梁内锚固长度——主梁弯矩及变形对比示意图
（a）考虑梁内锚固长度——主梁弯矩图；（b）考虑梁内锚固长度——主梁变形图；
（c）不考虑梁内锚固长度——主梁弯矩图；（d）不考虑梁内锚固长度——主梁变形图

（3）平台长度：平台的额定荷载除了与卸料平台的结构设计本身有关外，还与悬臂长度有关。悬臂长度越大，额定荷载应相应减小，否则会导致平台因超载而倾翻。国家现行标准明确悬挑式卸料平台的悬挑长度不宜大于 5m。

（4）卸料平台与主体结构连接方式：

1）使用 U 形钢筋连接卸料平台主梁与主体结构（图 6–17），将相应直径钢筋预埋于结构主体中。安装卸料平台时，将型钢主梁插入 U 形钢筋内，空隙区域使用木楔顶紧。

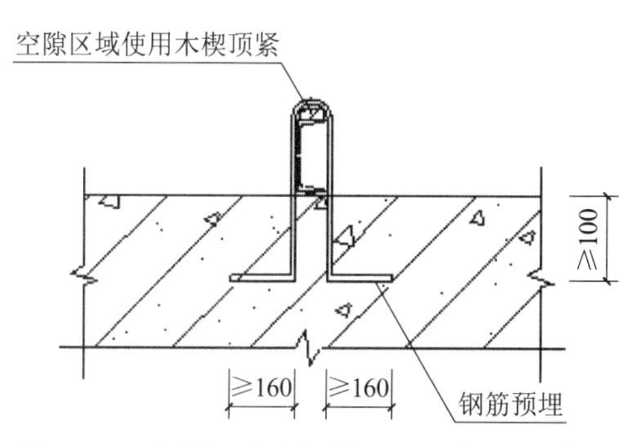

图 6–17　卸料平台主梁使用 U 形钢筋连接详图

2）使用地脚螺栓连接平台主梁与主体结构（图 6–18），先将相应直径的螺栓预埋于主体结构中，当主体结构混凝土强度达到设计要求后，安装卸料平台主梁，最后使用钢板及螺母将主梁固定于主体结构上。

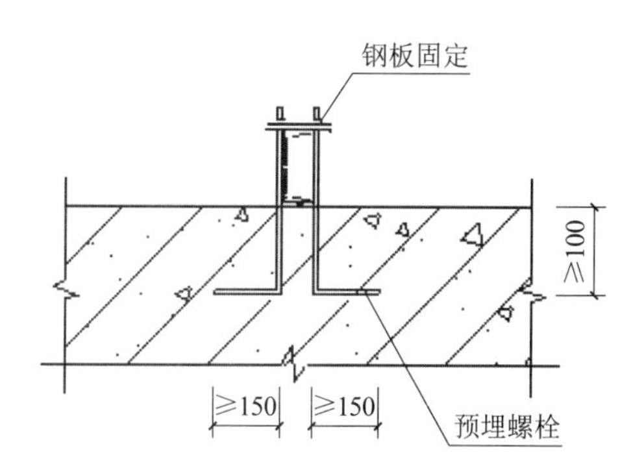

图 6–18　卸料平台主梁使用地脚螺栓连接详图

（5）平台各组成构件位置参数详解如图 6–19 所示，平台长度、平台宽度、主梁建筑物内锚长度、主梁间距、次梁间距、内侧次梁离墙水平距离、外侧钢丝绳离墙水平距离、内侧钢丝绳离墙水平距离、外侧钢丝绳上下固定点水平距离、内侧钢丝绳上下固定点水平距离、外侧钢丝绳上下固定点垂直距离、内侧钢丝绳上下固定点垂直距离各参数物理含义见图 6–19、图 6–20。

（6）钢丝绳夹个数：《建筑施工高处作业安全技术规范》JGJ 80—2016 给出钢丝绳夹设置数量的最小值（表 6–2）。根据选取的钢丝绳公称直径，设置钢丝绳夹个数。

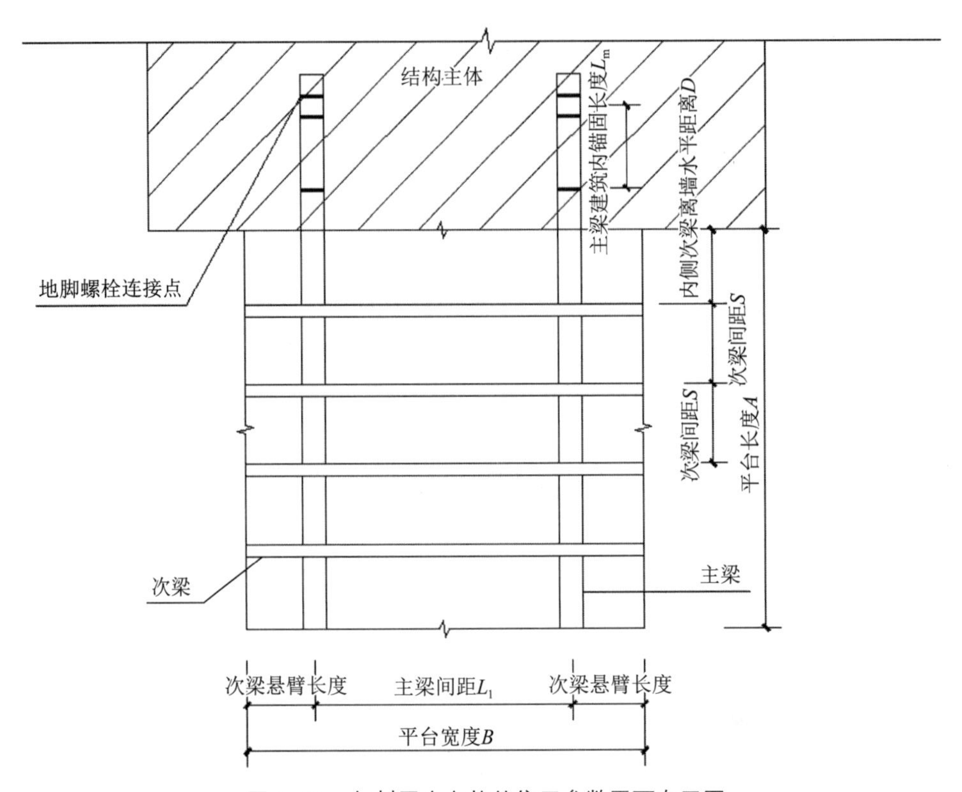

图 6-19 卸料平台各构件位置参数平面布置图

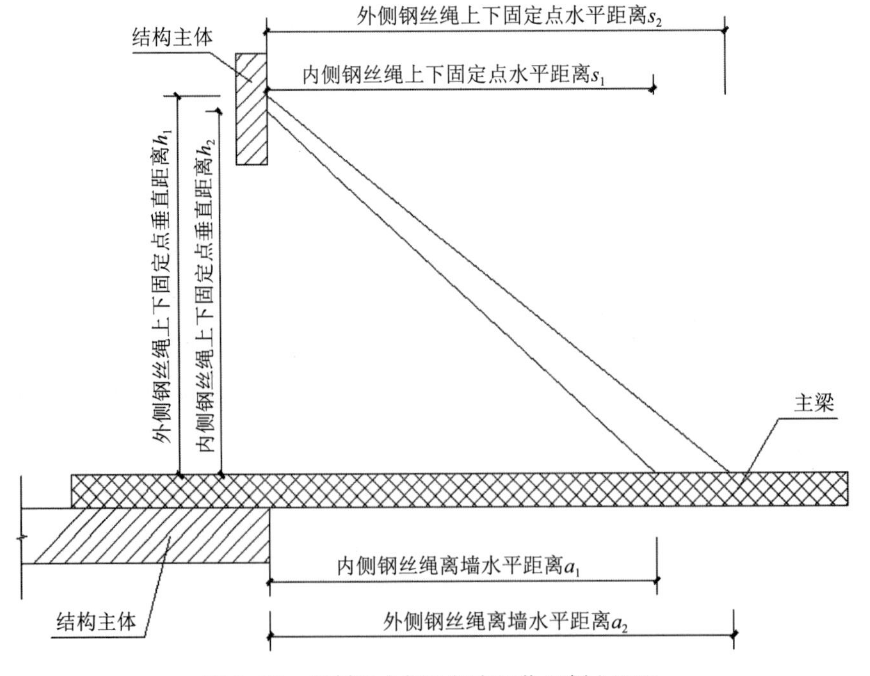

图 6-20 卸料平台钢丝绳布置位置侧立面图

表 6-2 钢丝绳夹最少数量

绳夹公称尺寸（钢丝绳公称直径）*d*（mm）	钢丝绳夹的最少数量（组）
≤ 18	3
> 18 ~ 26	4
> 26 ~ 36	5
> 36 ~ 44	6
> 44	7

2. 材料参数

（1）主梁参数（图 6–21）：

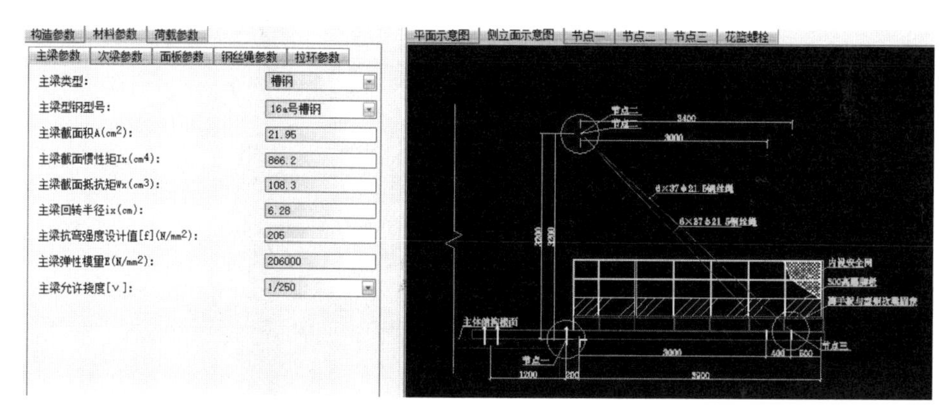

图 6–21 悬挑式型钢卸料平台主梁参数设置界面

主梁参数中主要选取主梁类型与主梁型钢型号。主梁类型主要使用槽钢和工字钢，两种型号的使用频率都相对较高。槽钢为单轴对称截面，工字钢为双轴对称截面，而卸料平台因设置上拉钢丝绳，平台主梁承受上拉钢丝绳受力的水平方向压力，主梁同时承受压力和弯矩，为压弯构件，参考现行国家标准《钢结构设计标准》GB 50017，压弯构件的截面强度、平面内稳定及平面外稳定计算公式如下：

截面强度计算公式如下：

$$\frac{N}{A_n} \pm \frac{M_x}{\gamma_x W_{nx}} \pm \frac{M_y}{\gamma_y W_{ny}} \leqslant f \tag{6-10}$$

平面内稳定计算公式如下：

$$\frac{N}{\varphi_x A} + \frac{\beta_{mx} M_x}{\gamma_x W_{1x}\left(1 - 0.8 N / N'_{EX}\right)} \leqslant f \tag{6-11}$$

$$N'_{EX} = \frac{\pi^2 EA}{1.1\lambda^2} \tag{6-12}$$

平面外稳定计算公式如下：

$$\frac{N}{\varphi_{y}A}+\eta\frac{\beta_{tx}M_{x}}{\varphi_{b}W_{1x}}\leqslant f \tag{6-13}$$

式中，各个参数的含义可以查找《钢结构设计标准》GB 50017—2017 第 8.1 节及第 8.2 节中关于压弯构件计算内容。关于公式的具体含义本书不作解说，可参考相关书籍进行深入了解。

主梁型钢型号根据卸料平台悬挑长度、平台宽度、恒载及活载设置条件选取相应的截面。通过软件的试算，选择合理的截面，如选择相对更大的安全富余，可选择相对较大的截面，以预防现场超载情况下造成不安全因素的产生。

（2）次梁参数（图 6–22）：

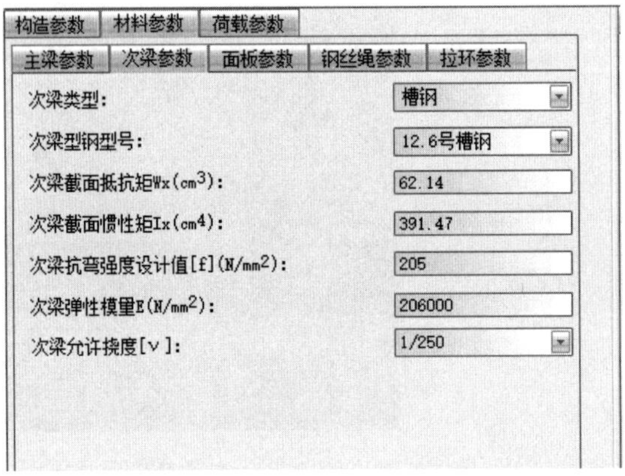

构造参数 材料参数 荷载参数
主梁参数 次梁参数 面板参数 钢丝绳参数 拉环参数
次梁类型： 槽钢
次梁型钢型号： 12.6号槽钢
次梁截面抵抗矩Wx(cm3)： 62.14
次梁截面惯性矩Ix(cm4)： 391.47
次梁抗弯强度设计值[f](N/mm2)： 205
次梁弹性模量E(N/mm2)： 206000
次梁允许挠度[v]： 1/250

图 6–22　悬挑式型钢卸料平台次梁参数设置界面

次梁承受脚手板重量及施工活荷载，次梁为受弯构件。次梁的类型选择同主梁，可以选择槽钢或工字钢。次梁相对主梁，最大弯矩相对较小，次梁型钢型号相对主梁应选择较小的型号。次梁为受弯构件，对次梁进行强度及稳定性验算可参考现行国家标准《钢结构设计标准》GB 50017，计算公式如下：

截面强度计算公式如下：

$$\frac{M_{x}}{\gamma_{x}W_{nx}}+\frac{M_{y}}{\gamma_{y}W_{ny}}\leqslant f \tag{6-14}$$

稳定性计算公式如下：

$$\frac{M_{x}}{\varphi_{b}W_{x}}+\frac{M_{y}}{\gamma_{y}W_{ny}}\leqslant f \tag{6-15}$$

式中，各个参数的含义可以查找《钢结构设计标准》GB 50017—2017 第 6.1 节及第 6.2 节中关于压弯构件计算内容。关于公式的具体含义本书不作解说，可参考相关书籍进行深入了解。

（3）面板参数（图 6-23）：

面板即卸料平台铺设的脚手板类型，可选择冲压钢脚手板、木脚手板、覆面木脚手板等。根据拟使用材料选择，同时正确输入脚手板自重荷载参数，避免恒载取值偏小不安全，偏大不经济。

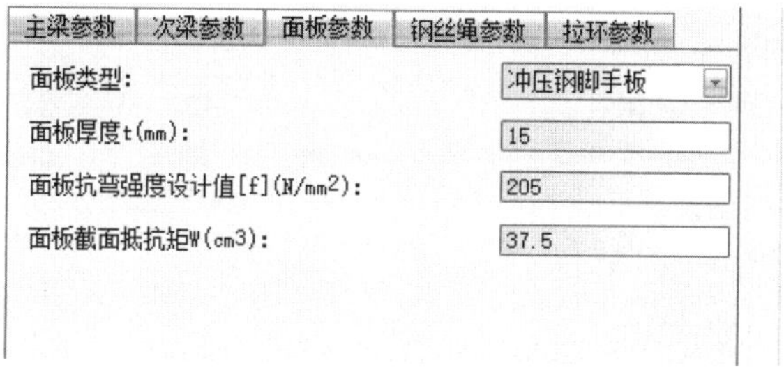

图 6-23　悬挑式型钢卸料平台面板参数设置界面

（4）钢丝绳参数、拉环参数（图 6-24、图 6-25）：

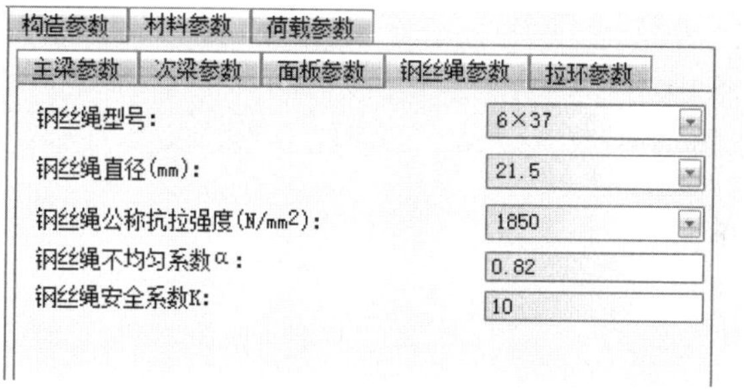

图 6-24　悬挑式型钢卸料平台钢丝绳参数设置界面

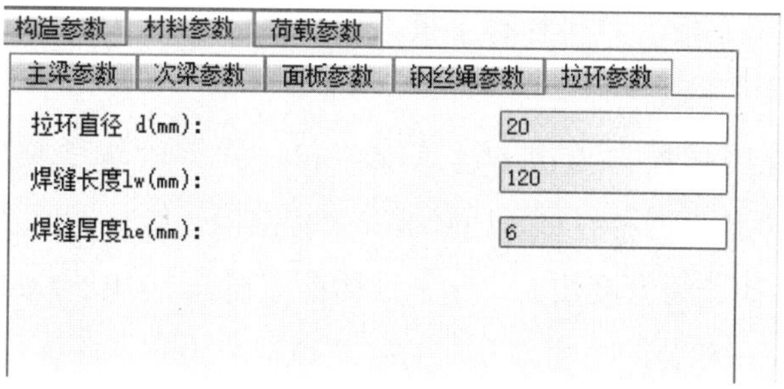

图 6-25　悬挑式型钢卸料平台拉环参数设置界面

钢丝绳使用拉环与结构主体进行连接，在钢丝绳拉力作用下，吊环截面强度不应大于材料强度设计值。

吊环应力验算取荷载标准值作用，验算时每个环可按两个截面计算。《混凝土结构设计标准》GB/T 50010 规定：对 HPB300 钢筋，吊环应力不应大于 65N/mm^2；对 Q235B 圆钢，吊环应力不应大于 50N/mm^2。

3. 荷载参数（图 6–26）

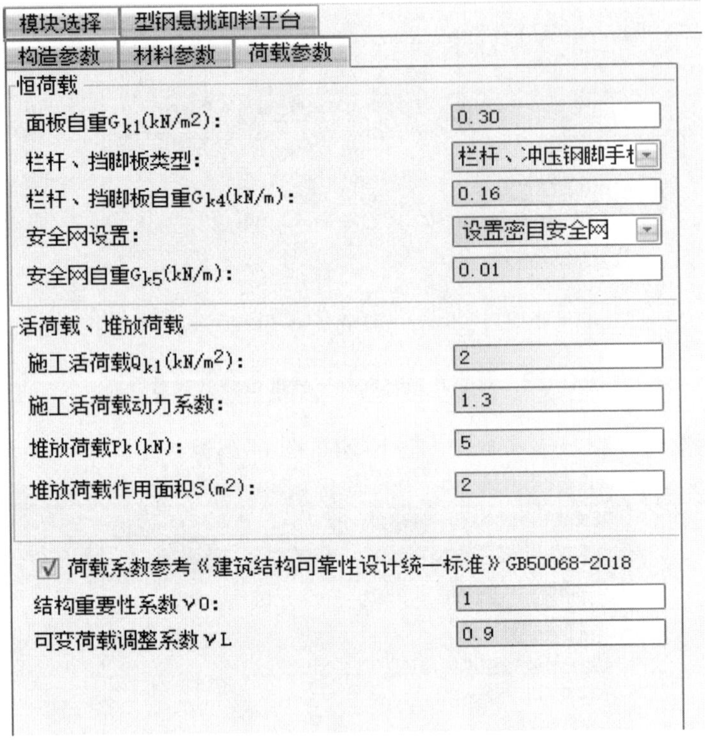

模块选择 型钢悬挑卸料平台
构造参数 材料参数 荷载参数
恒荷载
面板自重G_{k1}(kN/m2): 0.30
栏杆、挡脚板类型: 栏杆、冲压钢脚手板
栏杆、挡脚板自重G_{k4}(kN/m): 0.16
安全网设置: 设置密目安全网
安全网自重G_{k5}(kN/m): 0.01
活荷载、堆放荷载
施工活荷载Q_{k1}(kN/m2): 2
施工活荷载动力系数: 1.3
堆放荷载Pk(kN): 5
堆放荷载作用面积S(m2): 2
荷载系数参考《建筑结构可靠性设计统一标准》GB50068-2018
结构重要性系数γ0: 1
可变荷载调整系数γL 0.9

图 6–26　悬挑式型钢卸料平台荷载参数设置界面

（1）面板自重：《建筑施工扣件式钢管脚手架安全技术标准》T/CECS 699—2020 给出冲压钢脚手板、竹串片脚手板、木脚手板和竹笆脚手板自重标准值，如本书附录表 B.0.5–1 所示。

（2）栏杆及挡脚板自重：《建筑施工扣件式钢管脚手架安全技术标准》T/CECS 699—2020 给出三种栏杆、挡脚板自重标准值，如本书附录表 B.0.5–2 所示。

（3）施工活荷载动力系数：《建筑结构荷载规范》GB 50009—2012 关于荷载动力系数规定，搬运和装卸重物以及车辆启动和刹车的动力系数，可采用 1.1 ～ 1.3，其动力荷载只传至楼板和梁。

（4）结构重要性系数：

结构重要性系数根据建筑结构安全等级选取，建筑结构安全等级划分应符合表 6–3 的要求。

表 6-3 建筑结构的安全等级

安全等级	破坏后果
一级	很严重：对人的生命、经济、社会或环境影响很大
二级	严重：对人的生命、经济、社会或环境影响较大
三级	不严重：对人的生命、经济、社会或环境影响较小

当确定结构安全等级后，可根据表 6-4 明确结构重要性系数。当结构或构件按承载能力极限状态设计时，应考虑结构重要性系数，按下式计算：

$$\gamma_0 S_d \leqslant R_d \tag{6-16}$$

式中 S_d——荷载作用组合的效应设计值；

R_d——结构或构件的抗力设计值。

表 6-4 结构重要性系数

结构重要性系数	对持久设计状况和短暂设计状况			对偶然设计状况和地震设计状况
	安全等级			
	一级	二级	三级	
γ_0	1.1	1.0	0.9	1.0

建筑结构考虑结构设计使用年限的荷载调整系数如表 6-5 所示。卸料平台一般情况下为临时结构，使用年限较短，如荷载系数可参考现行国家标准《建筑结构可靠性设计统一标准》GB 50068，可变荷载调整系数可参考标准填写 0.9。

表 6-5 建筑结构考虑结构设计使用年限的荷载调整系数

结构设计使用年限（年）	荷载调整系数
5	0.9
50	1.0
100	1.1

6.4 卸料平台设计实例

6.4.1 工程概况

某项目因现场可用场地较少，计划在斜坡位置搭设施工卸料平台，最大限度地利用此处场地，用于放置及周转施工材料。

斜坡为坡度30°土质边坡，边坡表面喷射混凝土覆盖层保护，预计施加施工活荷载为5kN/m^2，计划采用钢管扣件搭设施工卸料平台。

因斜坡坡度较陡，施工卸料平台搭设在斜坡上有滑动失稳倾向，立杆底部与锚喷支护面之间需采取防滑措施。

6.4.2 设计思路

初步设计如下：架体纵横间距900mm，立杆步距1500mm，扫地杆距地面200mm，顶端自由高度500mm。钢管扣件脚手架布置立面图如图6–27所示。

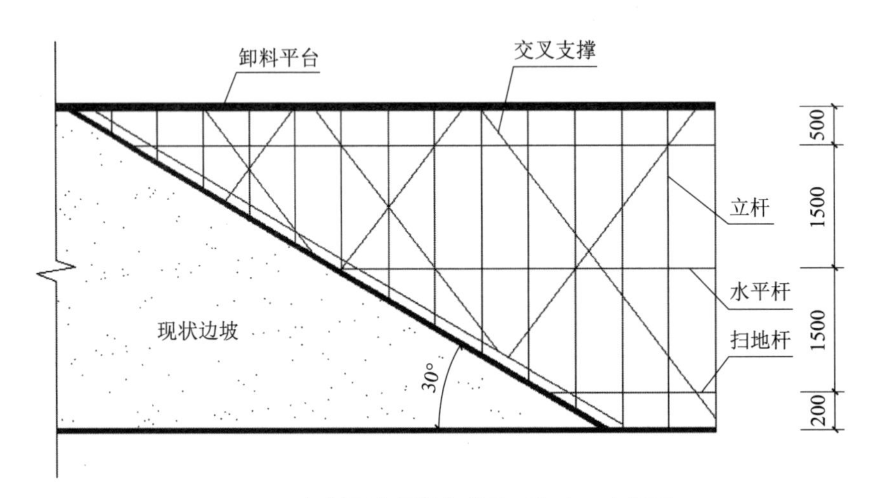

图6–27 卸料平台钢管扣件脚手架布置立面图

（1）先不考虑斜坡影响，直接根据预计荷载进行规则架体的计算，提取出立杆轴向下压力F。

（2）提取立杆轴向下压力，在支点处进行力的分解，将立杆轴向下压力分解为垂直向斜坡面的压力N_1及沿斜坡面向下的下滑趋势力N_2。

（3）查标准表格得到斜坡面的摩擦系数μ，经过摩擦反力f与N_2的比较，证明仅靠架体与斜坡面间的摩擦力即足以保证架体无滑动失稳的风险。

（4）出于安全考虑，增加相应构造措施以应对架体滑动风险，如立杆下插入固定钢筋头、增加抱柱措施、加强剪刀撑等构造措施。

7
土方开挖安全计算

7.1 土压力计算

在建筑施工中，基坑开挖边坡稳定的分析与验算、临时支挡结构的设计与计算、稳定性核算等都需要进行土压力的计算。计算土压力的理论和方法有多种，常用的主要有朗肯土压力理论和库伦土压力理论。朗肯土压力理论是根据半空间的应力状态和土单元体（土中一点）的极限平衡条件而得到的土压力古典理论之一。

7.1.1 朗肯理论土压力计算

1. 主动土压力计算

当墙背竖直、光滑，后填土表面水平，并无限延伸，不计土与墙之间的摩擦力，主动土压力强度 p_a（kN/m^2）可按下列公式计算（图 7-1）：

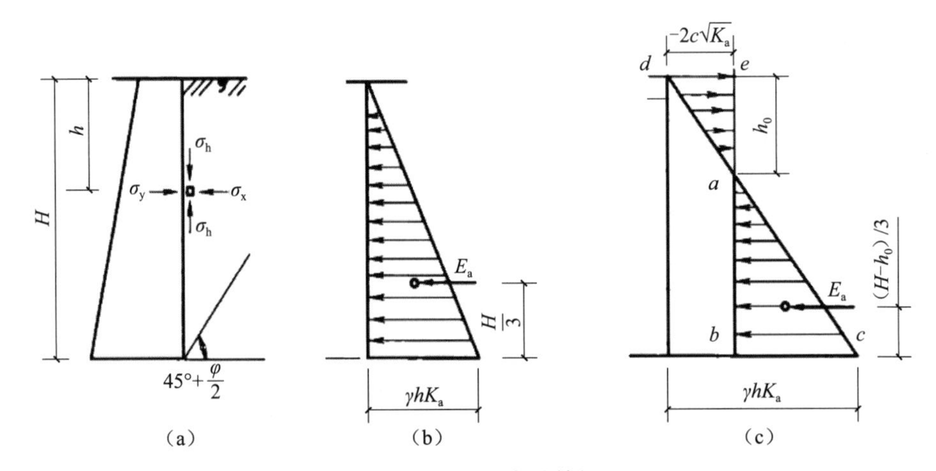

图 7-1 主动土压力计算简图

（a）主动土压力的计算；（b）无黏性土；（c）黏性土

无黏性土主动土压力计算公式如下：

$$p_a = \gamma h \tan^2\left(45° - \frac{\varphi}{2}\right) = \gamma h K_a \tag{7-1}$$

黏性土主动土压力计算公式如下：

$$p_a = \gamma h \tan^2\left(45° - \frac{\varphi}{2}\right) - 2c\tan\left(45° - \frac{\varphi}{2}\right) = \gamma h K_a - 2c\sqrt{K_a} \tag{7-2}$$

其中：

$$K_a = \tan^2\left(45° - \frac{\varphi}{2}\right) \tag{7-3}$$

式中 γ——墙后填土的重度（kN/m^3），地下水位以下用浮重度；

h——计算主动土压力强度的点至填土表面的距离（m）；

φ——填土的内摩擦角（°），根据试验确定，当无试验资料时，可参考表 7–1 数值选用；

K_a——主动土压力系数，已知 φ 值可从表 7–1 及表 7–2 查得；

c——填土的黏聚力（kN/m^2）。

表 7–1 土的内摩擦角 φ 值参考数值

名称	粉砂土	细砂土	中砂土	粗砂土、砾砂土、砾石	碎石土	黏性土
内摩擦角	15°～25°	20°～30°	25°～35°	30°～40°	40°～45°	10°～30°

表 7–2 土压力系数 K_a、K_p 值

φ	$\tan\left(45°-\frac{\varphi}{2}\right)$	$\tan^2\left(45°-\frac{\varphi}{2}\right)$	$\tan\left(45°+\frac{\varphi}{2}\right)$	$\tan^2\left(45°+\frac{\varphi}{2}\right)$
0°	1	1	1	1
2°	0.966	0.933	1.036	1.072
4°	0.933	0.87	1.072	1.150
5°	0.916	0.84	1.091	1.190
6°	0.9	0.811	1.111	1.233
8°	0.869	0.756	1.150	1.323
10°	0.839	0.704	1.192	1.420
12°	0.801	0.656	1.235	1.525
14°	0.781	0.61	1.28	1.638
15°	0.767	0.589	1.303	1.698
16°	0.754	0.568	1.327	1.761
18°	0.727	0.528	1.376	1.804
20°	0.7	0.49	1.428	2.04
22°	0.675	0.455	1.483	2.198
24°	0.649	0.422	1.54	2.371
25°	0.637	0.406	1.57	2.464
26°	0.625	0.39	1.6	2.561

续表

φ	$\tan\left(45°-\frac{\varphi}{2}\right)$	$\tan^2\left(45°-\frac{\varphi}{2}\right)$	$\tan\left(45°+\frac{\varphi}{2}\right)$	$\tan^2\left(45°+\frac{\varphi}{2}\right)$
28°	0.601	0.361	1.664	2.77
30°	0.577	0.333	1.732	3
32°	0.554	0.307	1.804	3.255
34°	0.532	0.283	1.881	3.537
35°	0.521	0.271	1.921	3.69
36°	0.51	0.26	1.963	3.852
38°	0.488	0.238	2.05	4.204
40°	0.466	0.217	2.145	4.599
42°	0.445	0.198	2.246	5.045
44°	0.424	0.18	2.356	5.55
45°	0.414	0.172	2.414	5.828
46°	0.404	0.163	2.475	6.126
48°	0.384	0.147	2.605	6.786
50°	0.364	0.132	2.747	7.549

边坡发生主动土压力时的滑裂面与水平面的夹角为 $45°+\frac{\varphi}{2}$，墙高 H，单位长度中主动土压力 E_a（kN/m）按下列公式计算：

无黏性土主动土压力：

$$E_a=\frac{1}{2}\gamma H^2\tan^2\left(45°-\frac{\varphi}{2}\right)=\frac{1}{2}\gamma H^2K_a \tag{7-4}$$

主动土压力强度 p_a 与深度 h 成正比，沿墙高的压力分布呈三角形，E_a 通过三角形形心，即在离墙底 $H/3$ 处。

$$E_a=\frac{1}{2}\gamma H^2\tan^2\left(45°-\frac{\varphi}{2}\right)-2cH\tan\left(45°-\frac{\varphi}{2}\right)+{2c^2}/{\gamma}=\frac{1}{2}\gamma H^2K_a-2cH\sqrt{K_a}+{2c^2}/{\gamma} \tag{7-5}$$

黏性土主动土压力：

E_a 通过三角形压力分布图的形心，即在离墙底 $(H-h_0)/3$ 处。

式中：

$$h_0=\frac{2c}{\gamma\tan\left(45°-\dfrac{\varphi}{2}\right)}=\frac{2c}{\gamma\sqrt{K_a}} \tag{7-6}$$

2. 被动土压力计算

当墙背竖直、光滑，填土水平，不计土与墙之间的摩擦力，被动土压力强度 p_p（kN/m^2）可按下列公式计算（图 7–2）。

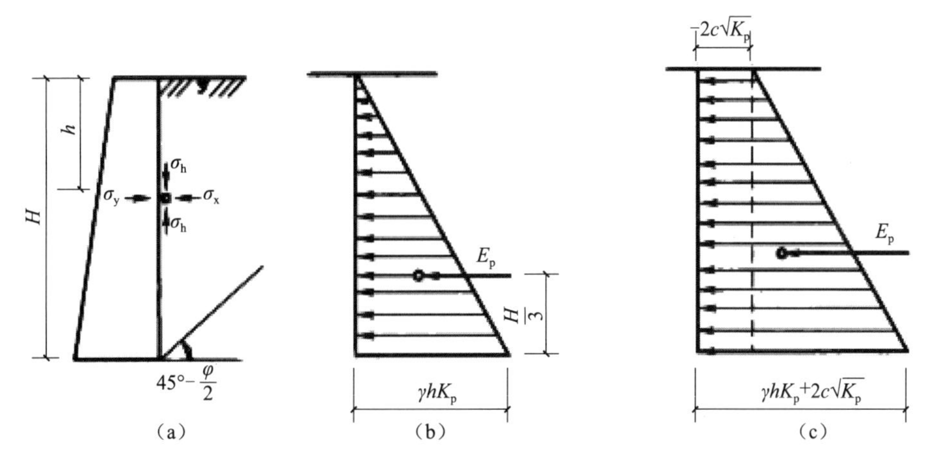

图 7–2　被动土压力计算简图

（a）被动土压力的计算；（b）无黏性土；（c）黏性土

无黏性土被动土压力强度计算公式如下：

$$p_p=\gamma h\tan^2\left(45°+\frac{\varphi}{2}\right)=\gamma hK_p \tag{7-7}$$

黏性土被动土压力强度计算公式如下：

$$p_p=\gamma h\tan^2\left(45°+\frac{\varphi}{2}\right)+2c\tan\left(45°+\frac{\varphi}{2}\right)=\gamma hK_p+2c\sqrt{K_p} \tag{7-8}$$

其中：

$$K_p=\tan^2\left(45°+\frac{\varphi}{2}\right) \tag{7-9}$$

式中　K_p——被动土压力系数，其余符号意义同前。

挡土墙高为 H，单位长度的总被动土压力 E_p（kN/m）可由下列公式计算：

无黏性土被动土压力：

$$E_p=\frac{1}{2}\gamma H^2\tan\left(45°+\frac{\varphi}{2}\right)=\frac{1}{2}\gamma H^2K_p \tag{7-10}$$

E_p 通过三角形的形心，即被动土压力作用点位置为离墙底 $H/3$ 处。

黏性土被动土压力：

$$E_{\mathrm{p}}=\frac{1}{2}\gamma H^{2}\tan^{2}\left(45^{\circ}+\frac{\varphi}{2}\right)+2cH\tan\left(45^{\circ}+\frac{\varphi}{2}\right)=\frac{1}{2}\gamma H^{2}K_{\mathrm{p}}+2cH\sqrt{K_{\mathrm{p}}} \qquad (7\text{–}11)$$

7.1.2　土压力计算实例

1. 计算实例 1

挡土墙高 5.2m，墙背竖直，光滑，填土表面水平，填土为砂土，其重度 γ= 18kN/m^3，内摩擦角 φ=30°，试求主动土压力及其作用点，并绘出主动土压力强度分布图。

根据式（7–1）、式（7–3）计算墙底处（h=H=5. 2m）的压力强度及主动土压力值：

$$p_{\mathrm{a}}=\gamma h\tan^{2}\left(45^{\circ}-\frac{\varphi}{2}\right)=18\times5.2\times\tan^{2}\left(45^{\circ}-\frac{30^{\circ}}{2}\right)=31.2\left(\mathrm{kN/m^{2}}\right)$$

$$E_{\mathrm{a}}=\frac{1}{2}\gamma H^{2}\tan^{2}\left(45^{\circ}-\frac{\varphi}{2}\right)=\frac{1}{2}\times18\times5.2^{2}\times\tan^{2}\left(45^{\circ}-\frac{30^{\circ}}{2}\right)=81.12\left(\mathrm{kN/m}\right)$$

主动土压力作用点距离墙底的距离为：$\frac{1}{3}H=\frac{1}{3}\times5.2\approx1.73\left(\mathrm{m}\right)$

主动土压力强度呈三角形分布，如图 7–3 所示。

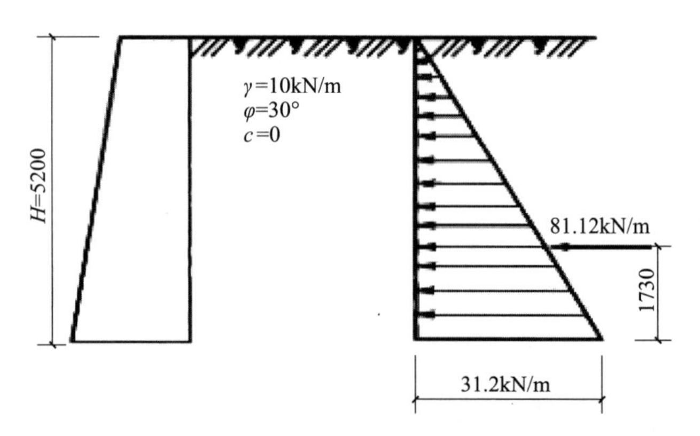

图 7–3　主动土压力强度分布图（计算实例 1）

2. 计算实例 2

挡土墙高 4.8m，墙背竖直、光滑、填土表面水平，填土为黏性土，其重度为 18kN/m^3，内摩擦角 φ = 20°，黏聚力 c= 10kN/m^2，试求主动土压力及其作用点，并绘出主动土压力强度分布图。

根据已经提供的内摩擦角，查表可以得到主动土压力系数，根据公式计算墙顶处（H=0）主动土压力强度及主动土压力值为：

$$p_{\mathrm{a}}=\gamma h\tan^{2}\left(45^{\circ}-\frac{\varphi}{2}\right)-2c\tan\left(45^{\circ}-\frac{\varphi}{2}\right)$$

$$=18\times0\times\tan^2\left(45°-\frac{20°}{2}\right)-2\times10\times\tan\left(45°-\frac{20°}{2}\right)=-14\left(\text{kN/m}^2\right)$$

计算墙底处（H=4.8m）土压力强度值：

$$p_{\text{ab}}=18\times4.8\times\tan^2\left(45°-\frac{20°}{2}\right)-2\times10\times\tan\left(45°-\frac{20°}{2}\right)=28.4\left(\text{kN/m}^2\right)$$

根据土压力计算公式，计算挡土墙主动土压力值：

$$E_{\text{a}}=\frac{1}{2}\gamma H^2\tan^2\left(45°-\frac{\varphi}{2}\right)-2cH\tan\left(45°-\frac{\varphi}{2}\right)+2c^2/\gamma$$

$$=\frac{1}{2}\times18\times4.8^2\times0.49-2\times10\times4.8\times\sqrt{0.49}+\frac{2\times10^2}{18}\approx45.5\left(\text{kN/m}\right)$$

临界深度 h_0 为：

$$h_0=\frac{2c}{\gamma\sqrt{K_a}}=\frac{2\times10}{18\times\sqrt{0.49}}\approx1.59\left(\text{m}\right)$$

主动土压力 E_{a} 作用点距离墙底的距离为：

$$\frac{H-h_0}{3}=\frac{4.8-1.59}{3}=1.07\left(\text{m}\right)$$

挡土墙主动土压力强度分布如图 7–4 所示。

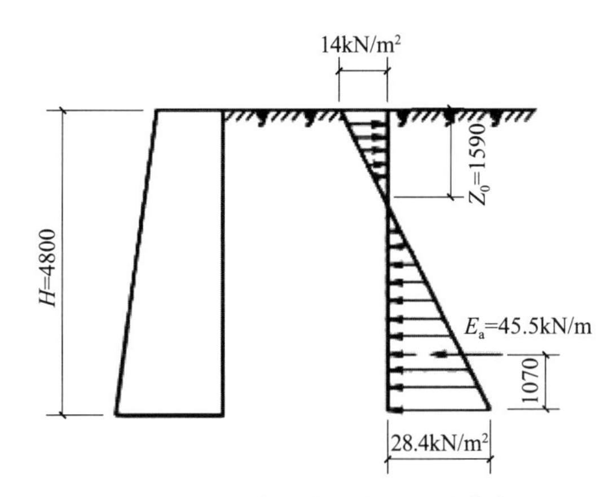

图 7–4　主动土压力强度分布图（计算实例 2）

3. 计算实例 3

挡土墙底脚高 2m（挡土墙设置如图 7–5 所示），填土水平，土的重度 γ = 19kN/m³，内摩擦角 φ = 20°，黏聚力 c= 10kN/m²，试求被动土压力及其作用点距墙底的距离。

根据题目给出的已知条件，被动土压力系数为：

$$K_{\text{p}}=\tan^2\left(45°+\frac{\varphi}{2}\right)=\tan^2\left(45°+\frac{20°}{2}\right)=1.43^2$$

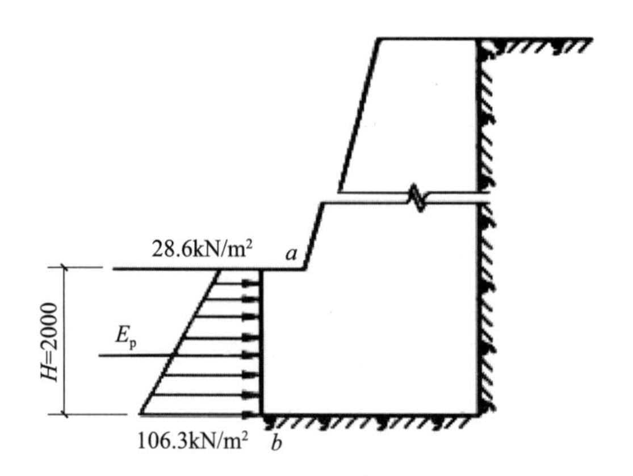

图 7-5　挡土墙底脚的被动土压力

被动土压力强度为：

$$p_p = \gamma h K_p + 2c\sqrt{K_p} = 19\times2\times1.43^2 + 2\times10\times1.43 = 106.3\left(\text{kN/m}^2\right)$$

被动土压力值为：

$$E_p = \frac{1}{2}\gamma H^2 K_p + 2cH\sqrt{K_p} = \frac{1}{2}\times19\times2^2\times1.43^2 + 2\times10\times2\times1.43 = 134.9\left(\text{kN/m}\right)$$

被动土压力作用点离墙底距离为：

$$\frac{H}{3}\times\frac{\gamma H\sqrt{K_p}+6c}{\gamma H\sqrt{K_p}+4c} = \frac{2}{3}\times\frac{19\times2\times1.43+6\times10}{19\times2\times1.43+4\times10} = 0.81\left(\text{m}\right)$$

4. 计算实例 4

管道沟槽深 2m，上层 1m 为填土，重度 $\gamma_1 = 17\text{kN/m}^3$，内摩擦角 $\varphi_1 = 22°$，1m 以下为褐黄色黏土，重度 $\gamma_2 = 18.4\text{kN/m}^3$，内摩擦角 $\varphi_2 = 23°$。用连续水平板式支撑，试选择木支撑截面。木材为杉木，木材抗弯强度设计值 $f_m = 10\text{N/mm}^2$，木材顺纹抗压强度设计值 $f_c = 10\text{N/mm}^2$。

土的平均重度值 $\gamma = \dfrac{17\times1 + 18.4\times1}{2} = 17.7\left(\text{N/m}^3\right)$，内摩擦角平均值 $\varphi = \dfrac{22°\times1+23°\times1}{2} = 22.5°$。

在沟底 2m 深处土的水平压力强度 p_a：

$$p_a = \gamma h\tan^2\left(45° - \frac{\varphi}{2}\right) = 17.7\times2\times\tan^2\left(45° - \frac{22.5°}{2}\right) = 15.8\left(\text{kN/m}^2\right)$$

水平挡土板选用 75mm × 200mm 木板，在 2m 深处的土压力作用于该木板上的荷载 Q_1：

$$q_1 = p_a\times b = 15.8\times0.2 = 3.16(\text{kN/m})$$

木板的截面矩 $W = \dfrac{20\times7.5^2}{6} = 187.5$（$\text{cm}^3$），抗弯强度值 $f_m = 10\text{N/mm}^2$，所能

承受的最大弯矩为：

$$M_{max}=187.5\times10^{3}\times10\times10^{-3}=1875\ (\text{N}\cdot\text{m})$$

根据木板能承受的最大弯矩值，求出木板立柱间距 L：

$$L=\sqrt{\frac{8M_{max}}{q_1}}=\sqrt{\frac{8\times1875}{3.16\times10^{3}}}=2.18\ (\text{m})$$

管道沟槽水平挡土板立柱间距可取值 2m。

立柱下支点处主动土压力荷载 Q_2:

$$q_2=p_a\times L=15.8\times2=31.6\ (\text{kN/m})$$

立柱选用截面 150mm × 150mm 方木，截面矩 $W=\frac{15^3}{6}=562.5\ (\text{cm}^3)$，立柱木材抗弯强度 $f_m=10\text{N/mm}^2$，立柱所能承受的弯矩 $M_{max}=562.5\times10^{3}\times10\times10^{-3}=5625$（N·m）。

横撑木间距：

$$l_1=\sqrt{\frac{M_{max}}{0.0642\times q_2}}=\sqrt{\frac{5652}{0.0642\times31.6\times10^{3}}}=1.67/\text{m}$$

为了便于支撑，横向撑杆间距取 1.5m，上端悬臂 0.3m，下端悬臂 0.2m。管道沟槽连续水平式支撑设置如图 7–6 所示。

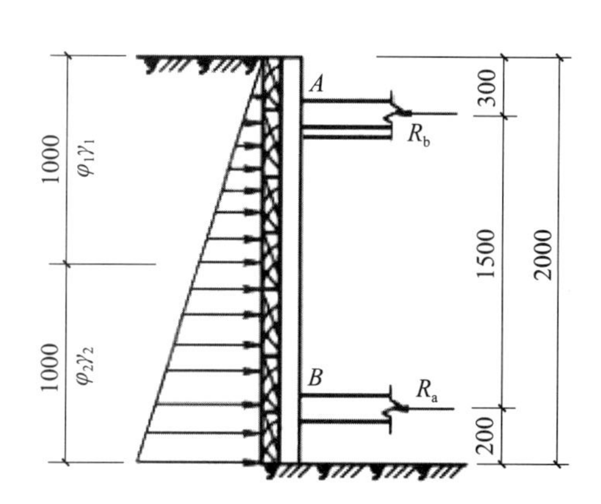

图 7–6　管道沟槽连续水平式支撑

立柱在三角形荷载作用下，下端支点反力 $R_a=\frac{q_2\times l_1}{3}=\frac{31.6\times1.5}{3}=15.8\ (\text{kN})$。

上端支点反力 $R_b=\frac{q_2\times l_1}{6}=\frac{31.6\times1.5}{6}=7.9\ (\text{kN})$。

横撑木按中心受压构件计算，横撑木 $f_c=10\text{N/mm}^2$，横撑木实际长度 $l=l_0=2.5\text{m}$，初步选定截面为 100mm × 100mm 方木，长细比 $\lambda=\frac{l_0}{i}=\frac{2.5}{0.29\times0.1}\approx86.2<91$。

计算方木轴心受压构件的稳定系数：

$$\varphi = 0.36$$

横撑木的轴心受压力为：

$$N = \varphi A_0 f_c = 0.36 \times 100 \times 100 \times 10 = 36000\text{（N）} \geqslant R_a$$

横撑木选定的截面满足要求。

7.2 土方放坡允许最大安全高度计算

土方开挖，应根据土的类别按施工及验收标准的规定放坡，以保证边坡稳定和施工安全。但标准只作原则规定，不够具体。以下简述通过计算确定边坡的方法，只要知道土的重度、内摩擦角和黏聚力值（查地质资料或有关手册），便可由计算确定允许最大安全边坡。如图 7–7 所示，假定边坡滑动面通过坡脚一平面，滑动面上部土体为 ABC，其重力为：

$$G = \frac{\gamma h^2}{2} \cdot \frac{\sin(\theta - \alpha)}{\sin\theta \cdot \sin\alpha} \tag{7-12}$$

当土体处于极限平衡状态时，挖方边坡的允许最大高度可按下式计算：

$$h = \frac{2c\sin\theta\cos\varphi}{\gamma\sin^2\left(\frac{\theta - \varphi}{2}\right)} \tag{7-13}$$

式中 γ——土的重度（kN/m^3）；

θ——边坡的边坡角（°）；

φ——土的内摩擦角（°），按表 7–3 取用；

c——土的黏聚力（kN/m^3），按表 7–4 取用。

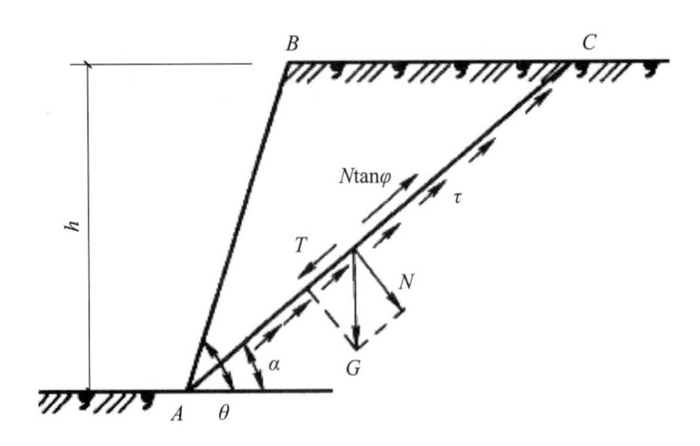

图 7–7 挖方边坡计算简图及滑动面

表 7–3　土的内摩擦角 φ 参考值

土的名称	内摩擦角 φ（°）	土的名称	内摩擦角 φ（°）
粗砂	33 ～ 38	干杂黏土	10 ～ 30
中砂	25 ～ 33	湿杂黏土	10 ～ 20
细砂、粉砂	20 ～ 25	极细杂黏土、干湿黏土	13 ～ 17
干湿杂砂土	17 ～ 22	极细黏土、淤泥	0 ～ 10

表 7–4　黏性土的黏聚力 c 参考值（kN/m^3）

土质状态	黏土	粉质黏土	粉土
软的	5 ～ 10	2 ～ 8	2
中等	20	10 ～ 15	5 ～ 10
硬的	40 ～ 60	20 ～ 40	15

如知土的 γ、φ、c 值，假定开挖边坡的坡度角 θ 值，即可求得挖方边坡的允许最大高度 h 值。由上述公式可知以下情况：

（1）当 $\theta=\varphi$ 时，$h=\infty$，即边坡的极限高度不受限制，土坡处于平衡状态，此时土的黏聚力未被利用。

（2）当 $\theta>\varphi$ 时，为陡坡，此时 c 值越大，允许的边坡高度 h 越高。

（3）当 $\theta>\varphi$ 时，若 $c=0$，则 $h=0$，此时挖方边坡的任何高度都将是不稳定的。

（4）当 $\theta<\varphi$ 时，为缓坡，此时 θ 越小，允许坡高越大。

关于土方放坡开挖允许最大安全高度，现提供计算实例：

已知土的重度 $\gamma=18kN/m^3$，内摩擦角 $\varphi=20°$，黏聚力 $c=10kN/m^2$。试求：（1）当开挖坡度角 $\theta=60°$ 时，土坡稳定时的允许最大高度；（2）挖土坡度为 6.5m 时的稳定坡度 θ。

由式（7–13）计算挖方边坡的允许最大高度为：

$$h=\frac{2c\sin\theta\cos\varphi}{\gamma\sin^2\left(\dfrac{\theta-\varphi}{2}\right)}=\frac{2\times10\times\sin60°\cos20°}{18\times\sin^2\left(\dfrac{60°-20°}{2}\right)}=7.73(\mathrm{m})$$

故知，土坡允许最大安全高度为 7.73m。

将已知挖土坡高 $h=6.5m$ 及 γ、φ、c 值代入式（7–13），可得：

$$6.5=\frac{2\times10\times\sin\theta\cos20°}{18\times\sin^2\left(\dfrac{\theta-20°}{2}\right)}$$

求解后得：$\sin\theta = 0.906$，$\theta = 65°$。

故知，土坡的稳定安全坡角为65°。

7.3 土方垂直开挖允许最大安全高度计算

土方开挖时，当土质均匀且地下水位低于基坑（槽、沟）底面标高时，挖方边坡可以做成直立壁不加支撑。对黏性土垂直壁允许最大安全高度 h_{max} 可按以下步骤计算（图7-8）。

当假设作用在坑壁上主动土压力 E_a=0，即：

$$E_a = \frac{\gamma h^2}{2}\tan^2\left(45° - \frac{\varphi}{2}\right) - 2c\tan\left(45° - \frac{\varphi}{2}\right) + \frac{2c^2}{\gamma} = 0$$

$$h = \frac{2c}{\gamma\tan\left(45° - \frac{\varphi}{2}\right)}$$

取安全系数为 K（一般取值1.25），求解得到：

$$h_{max} = \frac{2c}{K\gamma\tan\left(45° - \frac{\varphi}{2}\right)} \tag{7-14}$$

当坑顶护道上有均布荷载 q（kN/m^2）作用时，则：

$$h_{max} = \frac{2c}{K\gamma\tan\left(45° - \frac{\varphi}{2}\right)} - \frac{q}{\gamma} \tag{7-15}$$

当假定作用在坑壁上的被动土压力 E_p=0，即：

$$E_p = \frac{\gamma h^2}{2}\tan^2\left(45° + \frac{\varphi}{2}\right) + 2c\tan\left(45° + \frac{\varphi}{2}\right) = 0$$

$$h = \frac{2c}{\gamma\tan\left(45° + \frac{\varphi}{2}\right)}$$

取安全系数为 K（一般取值1.25），求解得到：

$$h_{max} = \frac{4c}{K\gamma\tan\left(45° + \frac{\varphi}{2}\right)} \tag{7-16}$$

当坑顶护道上有均布荷载 q（kN/m^2）作用时，则：

$$h_{max} = \frac{4c}{K\gamma\tan\left(45° + \frac{\varphi}{2}\right)} - \frac{q}{\gamma} \tag{7-17}$$

式中 γ——坑壁土的重度（kN/m^3）；

φ——坑壁土的内摩擦角（°）；

c——坑壁土的黏聚力（kN/m^2）；

h——基坑开挖高度（m）。

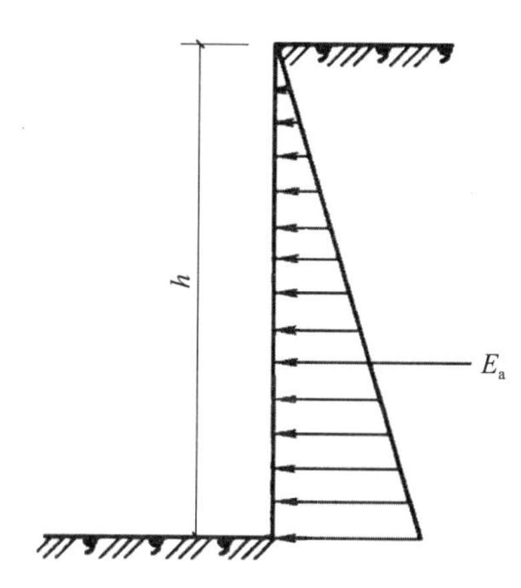

图 7–8　土方无支撑直立壁开挖高度计算简图

（1）关于土方垂直开挖允许最大安全高度，现提供计算实例 1：

基坑开挖，土质为粉质黏土，土的重度为 $18.2kN/m^3$，内摩擦角为 20°，黏聚力为 $14.5kN/m^2$，坑顶护道上均布荷载为 $4.5kN/m^2$，试计算坑壁垂直开挖最大允许安全高度。

根据式（7–15），取安全系数 K=1.25，求解得：

$$h_{max}=\frac{2\times14.5}{1.25\times18.2\times\tan\left(45°-\frac{20°}{2}\right)}-\frac{4.5}{18.2}=1.57$$

或由式（7–17）得：

$$h_{max}=\frac{4\times14.5}{1.25\times18.2\times\tan\left(45°+\frac{20°}{2}\right)}-\frac{4.5}{18.2}=1.54$$

故知，基坑壁垂直开挖允许最大安全高度为 1.57m。

（2）关于土方垂直开挖允许最大安全高度，现提供计算实例 2：

承台尺寸为 30m × 40m × 2.7m，施工荷载 3kN/m，取 1m 墙体长为研究对象（图 7–9）。顶部施工线荷载取 3kN/m，若已知采用混凝土普通砖，砂浆强度等级取 M10，回填采用杂填土，密度 $18.5kN/m^3$，黏聚力 c 取 12kPa，内摩擦角为 15°，墙体采用普通烧结砖，砖砌高度为 2.7m，砌体厚度暂定为 490mm，墙体承载力验算。

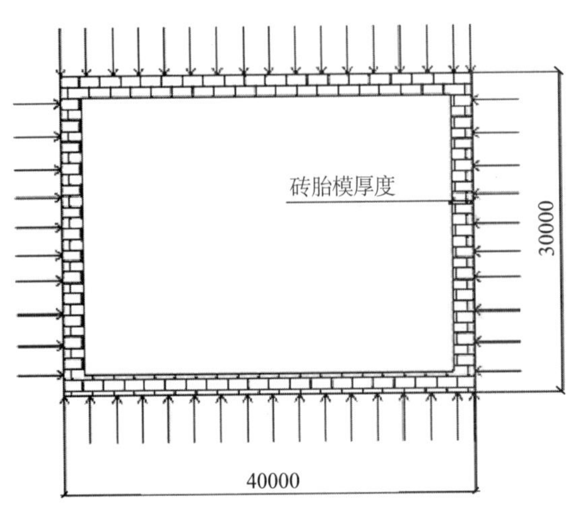

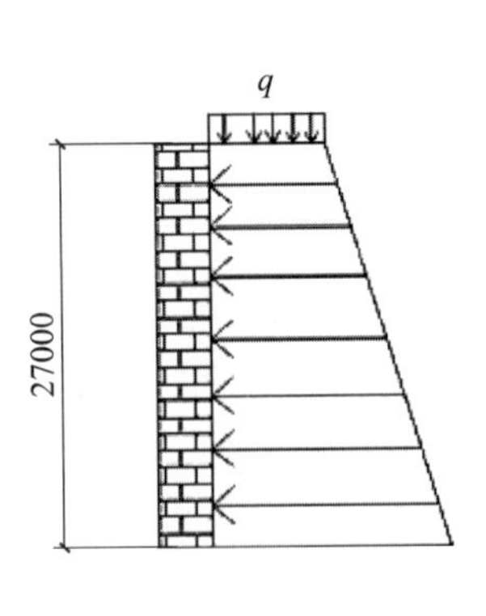

图 7-9 砖胎模尺寸图

1）主动土压力计算：

将地面局部荷载换成填土当量土层厚度：$h=q/\gamma=3/18.5=0.162$（m）。

总计算高度：$h_0=0.162+2.7=2.862$（m）。

在填土面处主动土压力强度：

$$p_{a0}=\gamma h\tan^2\left(45°-\frac{\varphi}{2}\right)=18.5\times0.162\times\tan^2\left(45°-\frac{15°}{2}\right)=1.765\ (\text{kN/m}^2)$$

在墙底部的主动土压力强度：

$$p_{b0}=\gamma h_0\tan^2\left(45°-\frac{\varphi}{2}\right)=18.5\times2.862\times\tan^2\left(45°-\frac{15°}{2}\right)=31.175\ (\text{kN/m}^2)$$

则总主动土压力为：

$$E_a=\frac{1.765+31.175}{2}=16.47\ (\text{kN/m})$$

则底部侧压力取 1m 计算为 31.175（kN/m）。

底部剪力 V：$31.175\times2.862/2=44.61$（kN）。

底部弯矩 M：$44.61\times2.862/3=42.56$（kN·m）。

砖胎膜受力简图详见图 7-10。

2）取墙体中间 1m 宽进行计算：

①砌体砖胎膜抗弯承载力验算：

烧结普通砖弯曲抗拉强度设计值：$f_{tm}=0.136\text{N/mm}^2$。

单位长度墙体底部所能承受沿水平通缝破坏的最大弯矩值：

$$W=\frac{1000\times490^2}{6}=4.002\times10^7\ (\text{mm}^3)$$

$$M_{\max} = f_{\mathrm{tm}} \times W = 0.136 \times 4.002 \times 10^7 = 5.44\,(\mathrm{kN \cdot m}) \leqslant 42.56\,(\mathrm{kN \cdot m})$$

故 490mm 墙体抗弯承载力不满足抗弯承载力要求。

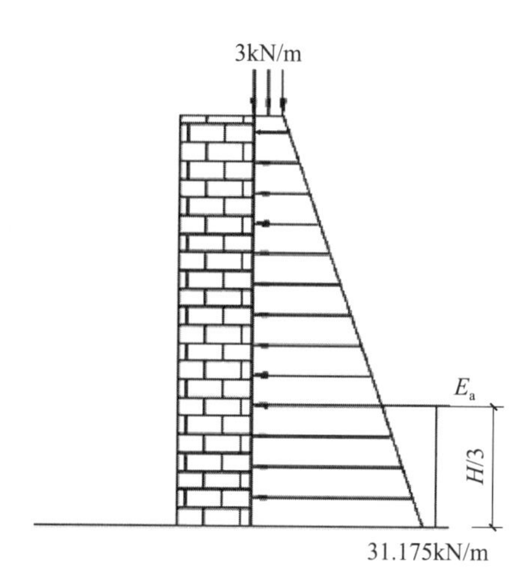

图 7–10 砖胎模受力简图

②抗剪承载力验算：

烧结普通砖弯曲抗拉强度设计值：$f_v = 0.136\mathrm{N/mm^2}$。

单位长度墙体抗剪承载力：

$$f_v \times b \times z = 0.136 \times 1000 \times \frac{2}{3} \times 490 = 44.427\,(\mathrm{kN}) < 44.61\,(\mathrm{kN})$$

故墙体抗剪承载力不满足要求。受弯承载力远不满足，受剪承载力不满足。若需要满足受弯、受剪承载力要求，底部截面宽度需大于 1m 考虑。

③对于墙体截面不满足抗弯及抗剪验算，可采取措施以减小墙体底部弯矩（跨度超长，顶部不能当作简支计算），底部增设圈梁，将其底部形成固端，可按如图 7–11 所示示意图进行简化计算。

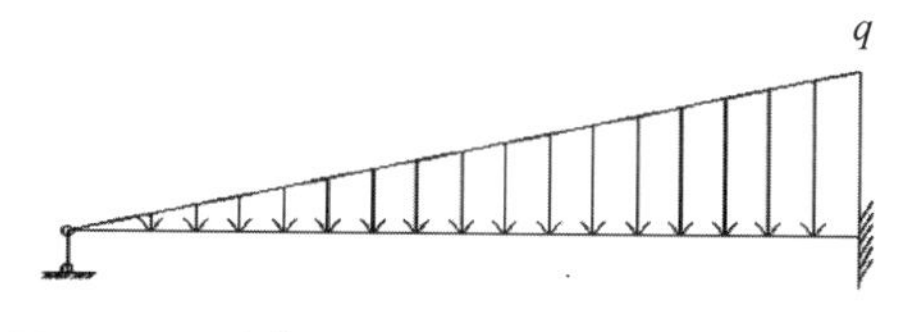

图 7–11 墙体一端简支一端固定端受力简图

图 7–11 中左侧简支端剪力计算公式为 $V = \frac{1}{10}ql$；右侧固定端剪力计算公式为 $V = \frac{4}{10}ql$，弯矩计算公式为 $M = \frac{1}{15}ql^2$，其中 l 表示计算构件跨度取值。

将上述剪力及弯矩公式代入相应数据，可求出支座最大剪力为36kN，支座处最大弯矩为17.33kN·m。抗剪强度满足要求，如需要满足抗弯承载力验算要求，墙体厚度需增加700mm。

④关于砖胎膜的施工，外侧土方回填高度进行分层回填，砌体内部采用回顶方式减压。若外侧土方回填高度小于2m，则底部弯矩值会减小很多。根据挡墙高度及砖胎膜高度，提供砖胎膜建议厚度，如表7–5所示。

表7–5 深基坑施工砖胎模选型

承台、挡墙高度（mm）	砖胎模高度（mm）	墙厚（mm）
$h<1200$	$h\leqslant 600$	120
$1200\leqslant h\leqslant 1800$	$600\leqslant h\leqslant 1200$	180
$1800<h\leqslant 2400$	$1200<h\leqslant 1800$	240
$2400<h\leqslant 3000$	$1800<h\leqslant 2400$	370
$3000<h\leqslant 3600$	$2400<h\leqslant 3000$	底部1200mm、高490墙，上部砌筑240墙
$3600<h\leqslant 4200$	$3000<h\leqslant 3600$	底部1800mm、高490墙，上部砌筑240墙
$4200<h\leqslant 4800$	$3600<h\leqslant 4200$	底部2400mm、高490墙，上部砌筑240墙

砖胎膜高度超过3m必须在中部增加一道钢筋混凝土圈梁，圈梁宽度同墙厚，高度为240mm，内配4根直径10mm钢筋，箍筋设置为直径6mm、间距250mm钢筋，混凝土强度等级为C20，以加大砖胎模侧向抗压能力。砖胎模高度超过1800mm，必须增加斜撑回顶后方可进行回填。

开挖后承台底土质较差，如淤泥、流砂，需进行换填后再进入下一道工序。换填完成后在承台底部增加一道地圈梁，圈梁宽度同墙厚，高度为240mm，内配4根直径12mm钢筋，箍筋设置为直径6mm、间距250mm钢筋，混凝土强度等级为C20。

墙长超过3m必须在中部设置一道砖柱，砖柱为（墙厚+120）mm×（墙厚+120）mm。电梯井集水坑砖胎模砌筑时先砌筑1500mm高、500mm厚墙，再在墙体上浇筑一道370mm×300mm圈梁，后在圈梁上砌筑1500mm高、370mm厚墙，然后砌筑240mm厚墙到顶，砖胎模砌筑完成必须增加斜撑回顶后方可进行回填。砖胎模砌筑砂浆采用M5砂浆、Mu10砖砌筑，24小时后方可填土打夯。

附　录

附录 A 常用材料设计资料

A.0.1 混凝土强度设计值

混凝土轴心抗压、抗拉强度设计值按表 A.0.1 的规定执行。

表 A.0.1 不同混凝土强度等级强度及弹性模量取值

强度及弹性模量 (N/mm^2)	混凝土强度等级													
	C15	C20	C25	C30	C35	C40	C45	C50	C55	C60	C65	C70	C75	C80
f_{ck}	10.0	13.4	16.7	20.1	23.4	26.8	29.6	32.4	35.5	38.5	41.5	44.5	47.4	50.2
f_{tk}	1.27	1.54	1.78	2.01	2.20	2.39	2.51	2.64	2.74	2.85	2.93	2.99	3.05	3.11
f_c	7.2	9.6	11.9	14.3	16.7	19.1	21.1	23.1	25.3	27.5	29.7	31.8	33.8	35.9
f_t	0.91	1.10	1.27	1.43	1.57	1.71	1.80	1.89	1.96	2.04	2.09	2.14	2.18	2.22
E_c	2.20	2.55	2.80	3.00	3.15	3.25	3.35	3.45	3.55	3.60	3.65	3.70	3.75	3.80

A.0.2 钢筋强度设计值

常用热轧钢筋抗压、抗拉强度设计值按表 A.0.2 的规定执行。

表 A.0.2 不同钢筋等级强度及弹性模量取值

牌号	抗拉强度设计值 f_y (N/mm^2)	抗压强度设计值 f_y' (N/mm^2)	弹性模量 E_s ($\times 10^5 N/mm^2$)
HPB300	270	270	2.1
HRB335	300	300	2.00
HRB400、HRBF400、RRB400	360	360	2.00
HRB500、HRBF500	435	435	2.00

A.0.3 钢材强度设计指标

常用钢材的设计用强度指标，应根据钢材牌号、厚度或直径按表 A.0.3 采用。

表 A.0.3 钢材的设计用强度指标

钢材牌号	钢材厚度或直径（mm）	抗拉、抗弯、抗压 f（N/mm²）	抗剪 f_v（N/mm²）	屈服强度 f_y（N/mm²）	抗拉强度 f_u（N/mm²）
Q235	≤ 16	215	125	235	370
	>16，≤ 40	205	120	225	
Q355	≤ 16	295	175	355	470
	>16，≤ 40	290	170	345	
Q390	≤ 16	345	200	390	490
	>16，≤ 40	330	190	370	
Q420	≤ 16	355	215	420	520
	>16，≤ 40	320	205	400	

附录 B 常用施工安全设计资料

B.0.1 连墙件点设置

当脚手架架体高于 6m 时，必须设置均匀分布的连墙点，其连墙件最大间距或最大覆盖面积按表 B.0.1 设置。

表 B.0.1 连墙件最大间距或最大覆盖面积

序号	脚手架搭设方式	脚手架高度（m）	连墙件间距（m）		每根连墙件覆盖面积（m²）
			竖向	水平向	
1	落地、密目式安全网全封闭	≤ 40	$3h$	$3l$	≤ 40
2			$2h$	$2l$	≤ 27
3		>40			
4	悬挑、密目式安全网全封闭	≤ 40	$3h$	$3l$	≤ 40
5		>40，≤ 60	$2h$	$3l$	≤ 27
6		>60	$2h$	$2l$	≤ 20

注：表中 h 表示步距，l 表示跨距。

B.0.2 脚手架搭设高度限值

不同类别的脚手架搭设高度限值应符合表 B.0.2 的要求。

表 B.0.2 脚手架搭设高度限值

序号	类别	形式	高度限值（m）	备注
1	扣件式钢管脚手架	单排	24	视连墙件间距、构架尺寸通过计算确定
		双排	50	
2	附着式升降脚手架	双排整体	20 或不超过 5 个层高	—
3	碗扣式钢管脚手架	单排	20	视连墙件间距、构架尺寸通过计算确定
		双排	60	
4	门式钢管脚手架	落地	55	施工荷载标准值≤ 3.0（kN/m^2）
			40	3 ＜施工荷载标准值≤ 5.0（kN/m^2）
		悬吊	24	施工荷载标准值≤ 3.0（kN/m^2）
			18	3 ＜施工荷载标准值≤ 5.0（kN/m^2）

B.0.3 脚手架钢管尺寸

脚手架钢管宜采用外径 48.3mm、壁厚 3.6mm 的钢管，每根钢管的最大质量不应大于 25.8kg，脚手架钢管尺寸按表 B.0.3 采用。

表 B.0.3 脚手架钢管尺寸

钢管类别	截面尺寸（mm）		最大长度（mm）	
	外径 ϕ，d	壁厚 t	双排架横向水平杆	其他杆
低压流体输送用焊接钢管、直缝电焊钢管	48.3	3.6	2200	6500

B.0.4 脚手架剪刀撑跨越立杆的最多根数

每道剪刀撑宽度不应小于 4 跨，且不应小于 6m，斜杆与地面的倾角应在 45°～ 60°。每道剪刀撑跨越立杆的最多根数应按表 B.0.4 采用。

表 B.0.4 剪刀撑跨越立杆的最多根数

剪刀撑斜杆与地面的倾角 α	45°	50°	60°
剪刀撑跨越立杆的最多根数 n	7 根	6 根	5 根

B.0.5 脚手架脚手板及栏杆、挡脚板自重标准值

脚手板自重标准值与栏杆、挡脚板自重标准值按表 B.0.5-1、表 B.0.5-2 取值。

表 B.0.5-1 脚手板自重标准值

序号	类别	标准值（kN/m²）
1	冲压钢脚手板	0.3
2	竹串片脚手板	0.35
3	木脚手板	0.35
4	竹笆脚手板	0.1

表 B.0.5-2 栏杆、挡脚板自重标准值

序号	类别	标准值（kN/m²）
1	栏杆、冲压钢脚手板挡板	0.16
2	栏杆、竹串片脚手板挡板	0.17
3	栏杆、木脚手板挡板	0.17

注：均布荷载不应大于 5.5kN/m²，集中荷载不应大于 15kN。

B.0.6 单、双排脚手架立杆承受的每米结构自重标准值

扣件式钢管脚手架立杆承受的每米结构自重标准值按表 B.0.6 采用。

表 B.0.6 单、双排脚手架立杆承受的每米结构自重标准值

步距	脚手架类型	纵距（m）				
		1.2	1.5	1.8	2.0	2.1
1.20	单排	0.1642	0.1793	0.1945	0.2046	0.2097
	双排	0.1538	0.1667	0.1796	0.1882	0.1925
1.35	单排	0.153	0.167	0.1809	0.1903	0.1949
	双排	0.1426	0.1543	0.166	0.1739	0.1778
1.50	单排	0.144	0.157	0.1701	0.1788	0.1831
	双排	0.1336	0.1444	0.1552	0.1624	0.1660

续表

步距	脚手架类型	纵距（m）				
		1.2	1.5	1.8	2.0	2.1
1.80	单排	0.1305	0.1422	0.1538	0.1615	0.1654
	双排	0.1202	0.1295	0.1389	0.1451	0.1482
2.00	单排	0.1238	0.1347	0.1456	0.1529	0.1565
	双排	0.1134	0.1221	0.1307	0.1365	0.1394

参考文献

[1] 王珮云，肖绪文 . 建筑施工手册 [M]. 北京：中国建筑工业出版社，2013.

[2] 周俐俐 . 多层钢筋混凝土框架结构设计实例详解 [M]. 北京：中国水利水电出版社，2008.

[3] 张相勇 . 建筑钢结构设计方法与实例解析 [M]. 北京：中国建筑工业出版社，2013.

[4] 吴乐谋 . 基于 ANSYS/LS-DYNA 的高大模板支撑抗倒塌性能研究 [D]. 长春：吉林大学，2021.

[5] 康赞 . 高大模板工程专项施工方案设计及智能监测研究 [D]. 邯郸：河北工程大学，2020.

[6] 贾莉 . 扣件式钢管满堂脚手架力学性能与设计方法研究 [D]. 天津：天津大学，2017.

[7] 刘圣国 . 塔吊外附着力学性能及连接构造设计与应用研究 [D]. 西安：西安建筑科技大学，2016.

[8] 朱坤 . 高层建筑卸料平台受力机理与安全性分析研究 [D]. 合肥：安徽建筑大学，2017.